U0386031

最后走的人关灯

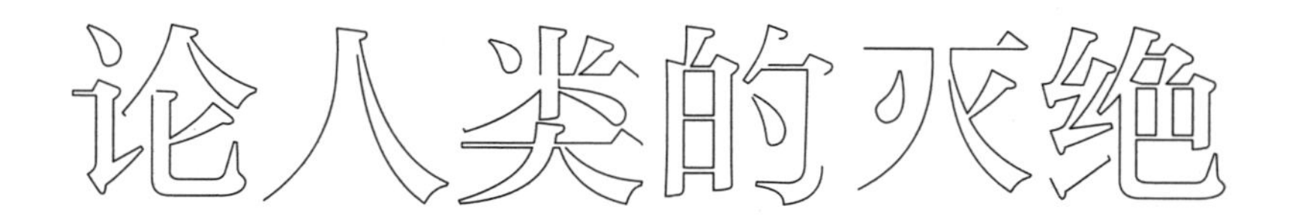

保罗·若里翁（Paul Jorion）/ 著
颜建晔　刘　杰　苏　蕾 / 译　颜建晔 / 校

中国人民大学出版社
·北京·

希望，是一个笑话：

或许，我们终将获救，

否则，我们都将成为疯子。

——**《疯狂的麦克斯：狂暴之路》**

［乔治·米勒（George Miller）的电影，2015 年］

我们被看作“恐慌的传播者”。

其实，这正是我们想要努力达到的。

很荣幸能拥有这个头衔。

目前，最重要的道义任务就是让人们明白，

他们应该担心，应该公开表明他们合理的恐惧。

——**《如果我已绝望，您还希望我做什么呢?》**

［京特·安德斯（Günther Anders），1977 年］

前　　言

一个濒临灭绝的物种，面临着巨大的意外

也就仅仅五十年前，人类还在得意扬扬地憧憬着；但如今，人类已处于灭绝的边缘。面对这个威胁，其反应是软弱的，充其量算是无所谓；回到实际的角度，所有的反应都是基于商业牟利。也就是说，人类正在忽略**实际的**紧迫和风险的巨大。

这怎么解释？定义人类这个物种的特点并进行初步评估是有必要的。

第一个问题已经清晰，第二个问题马上出现：我们的物种有没有武装好自己以防止自身的毁灭？很不幸，这个问题的答案非常明确：从我们这个物种的精神组成和迄今为止的历史表现看，人类尚未做好准备。

那么，怎么办？我们希望能有一个爆发点：让人类对他们自己

的命运感兴趣——这是迄今为止还没有发生的。我们发现，人终有一死，而且通过数千年的反复思考，也未能摆脱这种宿命。

在意识到灭绝的可能性并且与之面对之前，人类首先需要走出长期消沉的状态。只有在建立了一些自信心之后，人类才能把命运掌握在自己手中，同时意识到生命的真谛，一个自给自足、自我循环的丰满系统，无始无终。

展开主题的方法

我们可以进行一场“东拉西扯的谈话”，但是我们能想象一次“东拉西扯的自言自语”吗？如果东拉西扯的自言自语有意义，它是与心理学家所定义的“自由联想”近似的。自由联想是以东拉西扯为特点的，至少对于交谈对象来说是这样的。之后，应当将其归功于弗洛伊德。弗洛伊德指出，讲话者并没有赋予他所讲的话更多的具体意义——说话的人和他所说的话之间也没有明显的联系，然而，隐藏在那些连续的跳跃之后，一些潜在的联系浮出水面：也就是说，至今，对于“除了把想说的话说出来之外别无选择”的人类而言，这已然是生命的全部意义。

在一个“东拉西扯的自言自语”中，外界的反应是不一样的：自言自语者知道谁会听，谁不会听。心理学家不会听，他只会鼓励人们“畅所欲言，而忽略逻辑性”。然而，“自言自语”会被那些持不同意见的人听到。因此，讲话者必须提前考虑所有可能出现的反对意见，并尽可能减少反对意见。

我会全力以赴。

目　　录

第一章　灭绝威胁

这不是危机，我的小姑娘，这是灭绝！

接下来我要讲述的这个悲惨故事就是一个物种正在面临灭绝。它正在越来越清晰地认识到自己在这个事实面前是多么不堪一击。不幸的是，这个可怜物种的领导人在这个巨大挑战面前只做了“纯粹商业观点”的考虑。然而，这个狭隘的“纯粹商业观点”决定了它灾难性的命运，这样的束缚只意味着一件事情，那就是它正陷入自我毁灭。领导人使这个物种面临无法解决的生存危机。对于这个物种来讲，这是令人沮丧的。

上面提到的这个物种就是人类，我就是其中的一个代表。我将试图回答下面这个自相矛盾的问题：为何人类的智慧可以制造出那些就算有一天人类都消失了还能存在的智能机器，而不能同时保证人类自己的生存？我试着明确这个问题，不是为了子孙后代的利益，因为基于这个近在眼前的问题，我们可能不会有更多的后代了，而是为了启发那些以后也许会读到我们的故事的那些人：其他世界的居民，或者智能机器，倘若后者能够成功地用它们的远见把我们留给它们的这个疲惫的、亵渎殆尽的世界恢复到我们毁灭之前的辉煌的话。

我们生活在两个时期

我们——我这一代人——生活在想象中的两个完全不同的时期：一个是我们的童年时期，那个由我们所代表的“故事结尾”的人类从未经历过的平静时期；一个是此时此刻这个时期，这个我们意识到了人类的末日和灭绝来临的时期。

从他对黑格尔《精神现象学》一书的思考开始，亚历山大·科耶夫（Alexandre Kojève）在1933—1939年巴黎高等研究实践学院的讲座上表明，历史可能进入一个稳定的时期，严格来说，在这个时期历史已经不会再有动荡突变，而只会出现一些小插曲。弗朗西斯·福山（Francis Fukuyama）也于1980—1990年重新研究了“历史的终结”这一概念（Fukuyama，1989）。

在这个梦想着新伊甸园的世界里，人类可能灭绝这种意识就犹如一道晴天霹雳。震耳欲聋的结果也会随之而来。科学家们的计算表明21世纪末将是一道不可逾越的鸿沟。我们一定要在所有希望破灭之前尽快做出反应。我们生活的这个世界在短短几十年间从天堂跌落到了地狱的边缘。

孤 子*

2011 年 12 月法国巴黎高等商学院校友会邀请我去做一个讲座，邀请我的人说："您能不能给我们做一个总体概述……"这时，我想到了"孤子"的形象，即由一层一层的浪花叠加而成的一个整体波浪，直至最终达到滔天大浪。

这个没有预兆的浪潮是由什么组成的？它是由三个部分组成的。首先是环境危机：资源的枯竭，伴随着全球气候变暖、海洋酸化和不断上升的海平面。其次，我称之为"复杂性危机"：危机来源于世界上互相影响的增多，因为在这个越来越机械化的世界里人口越来越多，同时我们委托计算机来为我们做决定，这使得工作岗位越来越少，人工被机器以机器人或者软件这两种方式所取代。最后是经济与金融危机，因为我们的核心系统是一台巨大的"敛财机器"，由债务利息所供给，其负面效果被投机行为进一步放大——投机的具

---

* 孤子：物理学术语，是一束在传播中不遵循常规法则、不受能量线性减少影响的波。在通常情况下，这种波足够浓密到激发非线性效应，抵消了能源的正常扩散。在光学上，孤子是指在传播过程中在空间上或时间上维持稳定的光束。在本书中，作者用它来隐喻给人类带来灭绝威胁的无法自然耗散的"邪恶"巨浪及其三个组成部分，见本节和第二章中"孤子的三个组成部分"一节。——译者注

体含义被写入1885年被废除的法国《刑法》第421条“金融证券的涨跌”中——人们把它当作一个无害的怪癖来容忍，更主要的是因为人们把它当作游戏，在这个游戏中人们可以时不时地放纵一天或者更多天，以期赢得一些除了正常收入以外的好处。

然而，我必须回答的问题是：在这场对抗物种灭绝载体“孤子”的战争中，我应该扮演什么角色？

根据我当时的设想，我的角色应该是在这个我想象的三层叠加的浪潮面前向大众提供一些明确的建议，特别是在我擅长的领域：经济与金融危机。与此同时，支配着我们活动的社会劳动局，必须在另外两个领域——环境危机和复杂性或“机器化”危机方面——找到有专业才能的人士来提供建议。

我曾说过，在巴黎高等商学院讲座之后的这些年，环境危机很有可能会在我们解决复杂性危机和机器集中财富的问题之前爆发。当时我不断重复着环境危机提前爆发的可能性，但现在在我看来，我那时并没能给出对其相关的后果及影响的结论。基于联合国政府间气候变化专门委员会（GIEC）于2014年11月发布的一篇报告，以及领导的毫无作为（在重建我们的金融系统，或者是现在以指数速度崛起的机械化代替人工的就业问题的思考方面）——我们现在必须把孤子当成唯一的且不可分割的问题。但这并不是说我的看法对于改变机器化或全球变暖会有极大的作用，而是因为我们——我们所有人——现在都必须面对物种如何生存下去这个唯一且不可分割的问题。

正确的做法是，在公众面前我不添加我对环境及复杂性这两个领域的看法来补充和延展我所擅长的经济金融领域的建议。正如我所说，我当然可以笼统地谈论一下这个主题，但是我没有必备的知识来支持我对此进行具体的讲述。在这个紧急情况下，我们有必要组成一个针对孤子的危机组织，危机组织的信息必须能够被听到，而且一定要被听到，我们别无选择。

“看不见的手”和灭绝

自由主义向我们保证，如果我们让劳苦大众按照经济约定平和地劳作，一切都会正常运转。我们在各个方面会不假思索地取消条款规则，因为不管怎样，亚当·斯密（Adam Smith）的“看不见的手”都会确保接班者能够自然而然地进行管理。

“看不见的手”是亚当·斯密这位英国经济学家、哲学家于1776年的**《国民财富的性质和原因的研究》**（Smith，［1776］1976）①

---

① 方括号中的数字表示原著作出版于1776年，方括号外数字表示作者参阅引用的是1976年牛津大学出版社的再版图书（见书后参考文献）；后面的情况类似，不再一一指明。——译者注

一书中想象出来的，基于这一理论，包括像面包师、啤酒商、屠夫这样的人最好不要关心公共利益，因为这些人恐怕对公共利益无从理解继而会使之变得更差，他们只需要继续追求他们的私人利益即可。这些被提及的只追求私人利益的人，在任何情况下，都知道在何处能够得到他们的利益，“看不见的手”会以迂回的方式将这些私人利益必然地引导到公共利益上来。

然而，2008 年的**次贷危机**给了“看不见的手”的假说以致命一击：如果说集体利益与个人利益能够共赢，那么它只在一切都运转良好的情况下才会发生。一旦危机爆发，人们就会奔向第一眼看见的安全通道，互相推搡着直至堵住去路。比如在一个音乐厅内，当火警响起时，个人利益瞬间互斥，只有更高层次的介入（比如在扩音器的指挥下）才可能阻止更加可怕的灾难发生。

我们还记得吧，著名的担保债务凭证 ABACUS 2007－AC1 交易使得投资银行高盛首先面临美国证监会的调查，之后又要接受法院的调查。**担保债务凭证**，就像它的名字一样，是将各类债权作为抵押（“抵押”是指为物品进行担保）的债务凭证。合成抵押债务契约，概括来说就是一种保险（通过信用违约互换），目的是阻止特定担保债务凭证的贬值。换言之，它单一地在升值的可能性或者贬值的可能性上投注。

在 2008 年金融系统崩溃这个事实越来越清晰的时刻，高盛集团与对冲基金保尔森基金公司设计了一款担保债务凭证，该担保债务凭证是基于含有对最不可靠及最低质量理财产品的**次级**债务抵押贷款的一款合成抵押债务契约。之后，银行扮演了最差的角色，鼓励其客户**对赌**这是一款健康的金融产品。我们将这一事件定性为“将公共利益的崩溃作为赌注来挽救自己的利益”。

也就是说，“看不见的手”引导了高盛集团在赢得自身利益的同时由公共利益（投资者）来买单：这对公共利益不是简单的忽略，而是主动牺牲了公共利益。

顺理成章地，在2008年秋天，对于“看不见的手”的至高信仰瞬间被一个“自我监管的效力中缺乏信任”的原则所代替，并被模式化成了一个词：“金融道义”。

然而，很快我们又会重新对我们所信仰的“看不见的手”发出赞美。有人说，在人类共同生活的领域，道德指引着我们，“金融道义”是任何活动的基本原则。可是，金融界人士并不这么认为，相反地，经济是行走于道德之外的，因为它拥有自己的原则——竞争，正如托马斯·霍布斯（Thomas Hobbes）在他的时代用现实主义所阐述的“一切人反对一切人的战争”。

为什么“看不见的手”会是合理性的**首选**？因为目前看来我们的天秤会“自然而然”地向继续我们自私自利的行为处倾斜。“自然而然”这个词在这里是至关重要的，因为一切都取决于它！事实上，这是一个错觉：在现实中，惩罚使得我们将精力集中于我们所牵绊的、被我们夸大了重要性的对抗与竞争的情形，而不是我们实际上互相帮助的情形。金融界人士不断宣扬其对私利的继续追求，但是当涉及内幕交易时，或与所谓的竞争对手串谋操纵价格时，他们反而会毫不犹豫地转向团结。

让我们暂时假设，我们对公共利益不感兴趣是自然而然的，只关注私人利益也是自然而然的。

生物学家将人类描述成一种殖民的物种，人类的数量会一直增长直到入侵整个环境。

显而易见的是：一个世纪以来，人口增长了四倍，现在以每年7 700万的速度增长。当环境被完全占领后，这个殖民的物种将会逐渐耗尽环境。如果环境被完全耗尽，会发生什么？人类就会去寻找一个有利于自身的新环境。

大家都知道北欧旅鼠有时会大量而迅速地繁殖直到完全摧毁它们占据的山谷。然后，它们逃离此地去寻求新的栖息地。在我们看来，它们的行为可以用“自杀”来解读：它们疯狂地奔跑，成群地掉落悬崖或者在试图穿过超过自身承受能力的水流时被淹死。

我们注意到：在观察到的旅鼠行为中，没有任何东西是完全“自然”的。但是又可以说“自然”正在行使**保护**它们、避免它们灭绝的使命，直到它们发现新的山谷或者在它们逃离后重新恢复那个以前被它们消耗殆尽的山谷。

我们同时也应该注意到，在旅鼠疯狂的逃亡中，每只旅鼠都追求着自己的最大利益，没有任何集体目标引导着它们的行为：根据亚当·斯密的理论，别人无须为他们担心。如果有一只旅鼠关心确保自己生存的普遍利益的原则，知道去维护山谷的良好状况，旅鼠的疯狂逃亡就永远不会被观察到。

其实人类迄今为止的表现就像旅鼠一样：入侵地球，利用地球的资源，却没有为可持续和可再生发展花费任何心思。但人类也会因担心而发表一些建议，但这些努力都如悲剧般徒劳无功。只举一个例子就足以证明：自 1997 年在京都通过了减少温室气体排放的《京都议定书》以来，全世界年碳排放量已经从 64 亿吨增加到 87 亿吨（Emmott，2014：173）。* 在这里，我们就能看到人类努力的效果。

拉马克（Lamarck）早于 1820 年就在他的**《人类优点认知的分析系统》**中说过：

> 人类的自私往往会导致他们目光短浅，只在乎眼前的利益。总之，人类对未来和对同胞漠不关心，似乎是在为摧毁保护设施和毁灭自身物种而做准备。为了满足一时的贪婪而四处破坏

---

* 原文如此，目前全球碳排放量已超 400 亿吨，怀疑此数据有误。——译者注

> 保护地表的植被，很快导致人类居住的土地土壤贫瘠、水资源枯竭；事实上，地球的大部分地方，一度非常富饶肥沃，人口密集，而现在则到处寸草不生、无法居住、十分荒凉。人类仍然无视要停止肆意放纵的经验建议，永无休止地与同类交战，以一切可能的借口无处不在地搞破坏；因此我们看到以前数量庞大的人口，而现在越来越贫穷。看起来人类注定会在使得地球无法居住后自我毁灭。（Lamarck，1820：271−272）

“殖民者”的行为局限是显而易见的：一旦所有可能的栖息地一个接一个地被殖民毁灭，灭绝就迫在眉睫。

得出的结论是可怕的：一个物种“自然”的行为不能使其免于任何方式的灭绝。大自然，是没有把这一点考虑在内的（恐龙就是证明之一）。尽管大自然——从整体上理解为生物过程——可以在一定条件下使一个物种生存和在短期内繁荣，但它并没有为生存提供长期的保障。

至于亚当·斯密的“看不见的手”，与我们有关的是，它确保我们生存的一个**先决条件**就是：至少还剩下一个我们可以定居的山谷。

如果不行的话我们该怎么办？电影**《星际穿越》**（Nolan，2014）为我们提供了一个方法：太空旅行，通过那个在土星附近的“虫洞”，移居到远离太阳系的外太空——一个遥远的以黑洞为中心运行的星系。

然而，这谈何容易，我们需要行动，刻不容缓。幸亏大自然赐予了我们几种天赋：思考的能力、解决问题的能力以及行动的能力——这些能力阻止了那些把我们推向灭绝的行为，亚当·斯密的“看不见的手”放弃了我们，唉，没能够让人类继续生存下去。

事实上，在**《星际穿越》**中给出的解决我们问题的方案并不是完全不可能的（一位世界顶级物理学家曾经参与编写与此相关的剧情），虽然这个方案是超出我们现有的以及可预期的技术能力的。但是这部电影向我们发出了一个明确的最后通牒：如果我们不立刻开展避免灭绝危机的任务，虽然已经有点晚了，我们能做的将唯有为我们自己哀悼了。

只从商业视角考虑事情

早在1933年，英国经济学家梅纳德·凯恩斯（Maynard Keynes）在都柏林发表的《国家自给自足》中谴责道：我们无法解决那些关键的社会问题，因为我们总是从“这能带来多少收入”这个角度来思考和分析问题：

> 19世纪一直在进步，直到夸张地描绘“财务效果”成为测试一项政策是否应该被推行、一个企业的出发点应该是私人秩序还是公共秩序的简要准则之后；个人的命运被转化成一种对

会计师噩梦的滑稽模仿。19世纪的人建造了贫民窟，而不是应用他们丰富的技术和物质资源建造一座理想之城，他们认为建造贫民窟是正确的事情、应该被推崇的事情，因为贫民窟符合私人企业的准绳，“这带来利益回报”，而理想之城对他们来讲是一个极其疯狂奢侈的行为，从而成为金融用语中“傻瓜”的代名词：“典当未来”。(Keynes，[1933] 1982：241)

在将近50年的时间里，**商品化**的瘟疫体现在了各个方面：教育、医疗政策、科学研究……什么都逃不出商业利益最大化的逻辑。我们的领导人，以商人的世界为基准来调整自己的行为，只规划从**纯粹的商业**视角来确保我们物种的生存：“污染权”或者“摧毁权”这些项目都有人们喜闻乐见的市场价格。一位企业高管离职后公司需要付出数以百万计的赔偿金，用来保证其不会为竞争对手工作以抢占原公司的业务，就好像乔治·奥威尔（George Orwell）所说的，用“日常的规范”是无法为未来的行为定义一个框架的。不诚实是获利的方式，它已经成为常态，因此，需要为企业高管的诚实行为付款。

我们的价值体系已经分崩离析，并被纯盈利的逻辑所取代。但它在我们面临环境领域的重大挑战时（如我们的金融系统因受巴黎过分的价格波动影响而脆弱性增加，或者传统职位在计算机系统、机器人和软件的发展面前消失）可以保证我们物种的生存吗？

罗纳德·科斯（Ronald Coase）设计了污染许可证的商业化，他因此而获得1991年的诺贝尔经济学奖。而对于过度商业化——家庭的组合遵从利润最大化，法律正义的问题可以被解读成一个最小化司法系统成本的问题——加里·贝克尔（Gary Becker）正是因为上述观点获得了第二年的诺贝尔经济学奖。

我们只从**纯粹的商业**视角来思考我们物种的未来，是不负责任的无能。这事实上成为一个难以解决的问题，至少诺贝尔经济学奖评委是有一部分责任的，因为诺贝尔经济学奖评委的决定，智利独裁者奥古斯托·皮诺切特（Augusto Pinochet）的两位支持者弗里德里希·冯·哈耶克（Friedrich von Hayek）和米尔顿·弗里德曼（Milton Friedman）分别于1974年和1976年轻易获得了诺贝尔经济学奖。

要理解为什么我们的领导人没有准备好去研究我们物种的生存问题而“从纯粹的商业视角”思考，我们需要分项探究思考这句话的深意。

仅从商业视角来考虑问题，意味着两件事情：第一，从利润的角度对一种情况进行评估（不是可以被社会整体所得到的利润，只是被某些有特权的人得到的利润）；第二，从纯粹定量角度进行评估，任何关于定性方面的考虑均被排除在外（除非定性是用定量为标准来定义时，例如利润最大化的标准）。

当我思考这个问题的时候，我想起了童年。在我十岁的时候，我的父亲曾对我说过，他曾为欧盟的成立做出过贡献，首先是在创建欧洲煤钢共同体（CECA）中，之后是在创建欧洲共同市场中，也就是我们通称的欧盟初始六国。他说："他们正在使欧盟成为商人，但这并不是欧盟成立的初衷。"

什么是"欧盟商人"？具体来讲，欧盟就是一个我们只考虑数字的地方，在这里数字只被用来衡量利益，而且除了利润最大化这个问题以外，其他问题从没被评估过甚至未被提及过。欧盟运用了法兰西学院"社会和全球化"的主持者、法学家阿兰·苏彼欧（Alain Supiot）所说的"基于数字的政府治理"。从逻辑上来讲，相对于把数字与个人或家庭的幸福及人类的一般生活问题相关联，把数字与利润联系起来是更简单的事情，所以现实中就是这样的：所有问题都被分析、处理，接下来被解决，正如我们所说的任何一个问题都是一个纯粹的商业问题那样。

现在每个人都知道，欧元区的管理不善来源于这样一个事实，它的建立就像是一个运转良好的货币市场，只是为解决**纯粹的商业问题**，欧元区集结了一些国家但是没有建立联邦系统。或者说，我们的领导人想象着今天可以用同样的方法来解决整个社会的问题：唯一合理的解决方案不是有利于整个社会的方案，而是仅有利于资本所有者产生利润的方案。

从历史的角度反思，虽然我们在19世纪就自豪地宣称我们实行的是“资本主义”，但直到21世纪，我们的经济体系才完全是资本主义的，我们的政治系统也完全遵循相同的逻辑。这种政策不只是表明政治家们完全丧失了权力的杠杆，也表明此后他们最多就是传递一下那些符合可算逻辑的命令：政治问题的解决必须完全取决于它的“回报”，正如凯恩斯在他的时代已经指出的那样。

数量和质量的问题可以用阿兰·苏彼欧在他的一本名为**《穷人的卓越尊严》**的书中所述的同等方法来处理。这本书的名字来源于一个名叫博须埃（Bossuet）的传教士所做的演讲，同时博须埃传教士的演讲内容也构成了整本书的简介。阿兰·苏彼欧分析了博须埃传教士提出的悖论，博须埃认为，与表面相反，富人实际上贫穷，而穷人实际上富有。

博须埃想说什么？他旨在让人们了解富人是贫穷的，因为在富人的生命中，到最后只有那成堆的、没有活力的、没有生命的黄金。他们身边一个人都没有。没有人爱他们。如果有，人们爱他们也仅仅是因为爱他们的那堆金子！换句话说，那堆黄金通过他们间接被爱。虽然从博须埃的角度来看，穷人贫困的条件导致了思考：质疑人类的生存条件。正因为如此，在任何情况下，贫困都可以被当作人类的一个完整标签。博须埃写道：

> 在福音的承诺中，没有提到那些吸引了这些粗鲁的人或取乐孩子的世俗的物品。耶稣基督代替他们的位置承受了苦难和十

字架；并且，通过这种神奇的变化，最后面的人变成了最前面的，最前面的人变成了最后面的。(Bossuet，[1659] 2015：14)

虽然喜爱黄金的人成为黄金的奴隶，在这些人的意识中：他们的一切行动都被黄金所指引，黄金指引了他们所关注的和他们的日程安排。传承和接受黄金的**意志**的后果就是，黄金成为他们的主人，从原则上讲，他们必须询问他们的黄金，去了解黄金希望他们做些什么。他们的幸福——如果这真的可以被称作幸福——来自这个自愿服从的奴役。

最终，所有问题都必须得到解决，并不是权衡利弊，而是通过计算的结果得到解决。但是数字很容易地附着在数量上，比如利润就是一个例子，相对于生活品质、价值或者美德——那些有“尊严”的东西，因为利润是由金钱组成的，由数字加总来体现和代表的，然而生活品质，比如幸福或者不幸福，则不能被这种数字分析所捕获：如果询问人们是否幸福，他们会说是或者不是，如果他们说“一点点”或者“刚刚够”，这不是因为他们正试图量化他们的幸福，而是因为他们更倾向于对他们感受到的冰冷的不快乐进行委婉的自我解嘲。

我们现在必须尽快进行一个紧急的讨论，但如何把生活品质问题重新带回到讨论当中？如何重新讨论价值的问题？目前对“道德”的呼吁无疑是一种笨拙的尝试，但这难道不是我们打算做的最基本的事吗？我们要重新引入幸福的概念，幸福不能被测量，因为它的本质使得它不能被测量，但它是某种真实存在的东西，而不是虚无的。如果有人对我们说“不能再以国内生产总值（GDP）来评估社会健康状况，而应以‘幸福指数’来评估”，那么他们就落入了一个陷阱，因为不管选择何种微妙的方法，幸福都是不能以数字来测量的。

正确的做法是按照亚里士多德在世界上普遍应用的思考精神，肯定价值和价格属于完全不同的领域，相互排斥。不要试图去发现价格背后隐藏的价值，这是终极的真理，因为**价格的背后并没有隐藏的价值：唯一隐藏的，是人类之间的权力斗争**。价格成为试图找出价值的最后的努力，但是如果价值仍然存在，那么它将存在于其他地方。

曾经有一种关于美德的论述，畅通无阻地润滑着我们的社会。美德也有助于个人利益，会开启通往真正财富——内在的财富——的道路。美德使一个社会在数字以外的基础上运作——仅仅是累积的利润数字。

我们之前提到的诺贝尔经济学奖获得者加里·贝克尔设计的世界与顺畅的美德世界形成了鲜明对比。根据贝克尔的理论，不仅所有的计算都被包括在内，而且所有能计算的东西都可以被转换为一个价格：有了它，所有的一切都可以被**商品化**。比如，正义对贝克尔来说只是一个简单的数字问题：如何尽量减少关押囚犯的整体成本，警察、法官和狱警的工资支出，以及支付给受害者家属的赔偿。在此基础上，我们决定将罪犯全部关在监狱里或者全部释放，或者找到一个折中的、在盈亏方面最优的解决方案。得益于加里·贝克尔和他的“诺贝尔经济学奖”共同受益者的追随者，再也不会有在法律面前追求最高的“公平”原则的问题，以及评估社会损失，具体来讲，在道德侵犯方面的问题，只是简单地让“抓住凶手”或者“让凶手逃跑”的成本来说话，凶手和受害者会被以美元或欧元所表现的真金白银的成本所迷惑。

我们必须尽快摆脱这种逻辑。原因很简单：数字逻辑、纯利润逻辑是无力拯救濒临灭绝的物种的；对于社会品质的反思，数字只是简单的近似，有助于我们理解在大气中有过多的二氧化碳或者过多的二氧化氮、在海洋中有过多的磷酸盐的危害程度，它们本应该继续隐藏在我们内心深处。只要没有社会品质的问题出现，任何计算的评估就是一笔虚账，是没有真正理论依据的。

我们不可能通过罗纳德·科斯和加里·贝克尔的帮助来拯救我们的物种；这是一种以公共利益为目标的选择，换句话说，不是以累积利润为目标。然而因为我们是不会忽视有关利润问题的，这实际上反映了一件事：地球毁灭的原因就在我们身边，就是我们自己的行动。

约束我们行动的枷锁一旦被建立，我们就像是一群由一堆黄金驱使行动的僵尸，如果我们不突破这层自愿被奴役的枷锁，我们就不会实现公共利益。我们拥抱自愿奴役是因为它能使我们从思考亚里士多德所说的“建立终极幸福”的担心中解脱出来。坚决地放弃人们自主生存的惰性，是我们将它考虑成“归属感”的借口，也就是保护真实的自我，但我们真正做的却是使人们融入大量的没有生命的物质中。[我将在后面继续讨论这个由哲学家吕西安·列维-布留尔（Lucien Lévy-Bruhl）提出的概念。]

第二章　为什么我们还没有反应？

我们的声音被忽略？

普林斯顿大学的教授马丁·吉伦斯（Martin Gilens）和西北大学（芝加哥最好的大学之一）的教授本杰明·佩奇（Benjamin Page）于2014年9月合作发表了一篇论文《美国政治测试理论》，研究评价主宰当代社会的政体。以下四个选项被列出来：多数民主选举、经济精英统治、多数多元化和有偏多元化。

吉伦斯和佩奇的研究从建立一类重要的政治目标开始，这些政治目标展示了共计1 779项公众意见。接下来他们对这些政治目标是否已经被实施进行跟踪调查。他们的结论是明确的："美国人的偏好似乎对接下来的政策影响甚微，统计表明其影响是不显著的，接近于零。"

因此，多数人的意见被忽视了：大多数人的意见是不重要的，将不会被纳入接下来要做的决定的考虑范围之内；如果有被接纳的，那一定是因为它们与现实中极少数人的意见一致。

吉伦斯和佩奇也想知道，在诸如工会、消费者组织等由公民组成的利益集团中，其意见是否更有可能被采纳。在一定程度上，答案是肯定的，但随后我们看到的缺点是，这些利益集团的意愿与大多数人的意愿通常并不一致。这些利益集团本应该代表普通公民的意愿，然而在大多数情况下，他们只是代表了该利益集团自己的意愿，类似于所谓的**游说集团**，因此其意愿是有别于大多数人的意愿的。

这是否意味着国会议员花费很长时间来考虑公众要求，到最后，他们却否决了绝大多数要求？不！我们观察到的是，普通民众的愿望是永远不会在**国会**或者**美国参议院**以提案的形式呈现而进行讨论的。我们用一句话来概括吉伦斯和佩奇的整篇文章：“多数人并**不**左右事件的进程”。这里我们要重点标注“不”这个字。

我们知道，这篇表达重要信息的文章，不是由革命者所编写的：写这篇文章的是那些著名大学的教授，他们致力于科学研究。当然，这并不意味着他们没有自己的观点——他们肯定有——尽管他们沉醉于科学研究，并且遵守统计调查的规则。

我们从中可以得出什么样的结论？美国的政治系统以**经济精英统治**为特征。欧洲的政治系统与美国可能并没有什么大的区别：为了使这一观点更有说服力，我们可以看看，那些获得选举成功的政府，虽然往往来自不同的平台，但都在执行完全相同的政策。吉伦斯和佩奇并不能精确地界定出哪个决定是代表公众的，进而判断出亦步亦趋投票的提案小组是由谁构成的；不过，他们认为，这个小组是由有权有势的商界和少数极其富有的美国人主导的。

尽管普通公民可以很清楚地阐述自己的意愿，并可以对已经付诸实施的措施表示不满，但这些都是没有用的，因为我们的政治制度是与**经济精英的统治**画上等号的，并且是与多数人的意愿无关的。那些被采纳的意见是与那些少数集团人士（那些商界精英和拥有巨大财富的人）的利益一致的。

君主从来就不是哲学家，也从来没有倾听过哲学家的意见。

柏拉图（Plato）在25个世纪前于**《理想国》**中写道：

> 除非哲学家成为国家的君主，或者我们称之为君主和统治者的人能够受到今天正统的哲学足够的启发，又或者说，至少政治权力和哲学思考集中在一个人身上——按照目前大多数的情况，二者是互相排斥的——不会对我们的国家进行救赎，我亲爱的格劳孔（Glaucon），在我看来，也不会对人类进行救赎。(V，473c)

自柏拉图的那个时代以来，我们遇到的一部分是那些思考“我们是谁”，以及如何相应地指导我们的行为的哲学家，另一部分是君主，他们热爱权力、为了追求权力而决策，无视他们子民的幸福或者不幸的声音。更糟的是，君主的行事作风更是经常与我们物种的生存相违背。而哲学家的主张和君主的决定之间通常是绝对没有联系的。

更有甚者，媒体告诉我们，在社会秩序出现骚动的情况下，君主已经把哲学家列入了黑名单中，因为他们知道哲学家代表谁的立场，反正是与他们的利益相悖的。

2011 年，我与利吉·美兰（Régis Meyran）进行了一次谈话，由此引发我写了一本名为**《数字内战》**的书。然而泰克斯图埃尔（Textuel）出版社关于书名与我产生了分歧，出版社反对这个书名。出版社的解读是，故事是围绕维基解密及其创始人朱利安·阿桑奇（Julian Assange）展开的，是以“起义”为基础的，而我认为这是同一群人中两个对立阵营的“内战”。如果他们按照我的理解，很明显，内战是由上层发起的，其证据就是由美国商会和美国政府组成的联盟（也可以称之为“协会”）发起的对记者格伦·格林沃尔德（Glenn Greenwald）的攻击。

2010 年底，格林沃尔德也仅仅是在圈内为屈指可数的人所知的名字，后来他成为泄密者爱德华·斯诺登（Edward Snowden）的发言人。然而，自斯诺登披露出有关美国国家安全局（National Security Agency）“棱镜门”监听项目的信息以来，也就是自政府和商界联手发起了这项针对普通市民的行动以来，可以越来越明显地看出这是一场内战，而不是起义。

纳菲兹·艾哈迈德（Nafeez Ahmed）于2014年6月12日在英国《卫报》上发表的一篇文章中报道了关于美国国防部五角大楼参与的信息，不仅证实了那些已知的信息，还披露了五角大楼曾经“正在为反对民间社会分裂运动做准备”（Nafeez，2014）；事先就被贴上“极端分子”标签的人是那些不与小群体分享意见的人，我们刚刚发现被吉伦斯和佩奇称作小群体的就是为美国国防部工作的“商界”。五角大楼的想法是这样的：在民间社会分裂运动爆发的那一天，那些不属于商界的破坏者，必须而且已经被认定为“恐怖分子”了。

我们从这篇文章中看到，“气候变化怀疑论者”被归为好公民，而那些相信全球变暖的人被归为“极端分子”。这些气候变化怀疑论者的观点被科学研究所驳斥，对他们来讲似乎并不尴尬：因为没有什么比他们的观点要与美国商界保持一致更重要的了。

让我们考虑另一个案例：2009年2月，让-马克桑斯·格拉尼耶（Jean-Maxence Granier）发表了一篇题为《危机的符号学》（Granier，2009）的研究论文。2008年9月中旬，也就是在他这项研究发表的5个月之前，**次级抵押贷款**证券大规模贬值导致的金融危机达到了顶峰。在该论文中，他设想了四种方案以摆脱危机。其中之一是考虑重新建设一个和现在这个满目疮痍的金融系统完全一致的系统。格拉尼耶的方案没能得到任何一个金融思想家的支持；然而，我们的政府却选择了这一方案。因此，我们必须想象，那些支持其他三个方案的著名金融思想家们都被当作了“恐怖分子”；因为他们没有支持那个荒诞的提议，重建和以前一样的金融系统——那个与所有可能性相违背的方案在排除法中被保留下来，因为所有其他选项都被金融部门否决了。我们还要注意的是，同理，这项被专家们一致认为是导致金融系统崩溃的系统性风险的唯一合理解释，也就是对“系统性”估计与判定的忽视和瓦解，如今却被金融领域的媒体描绘成“民粹主义主张”，在新的环境下得意扬扬地驻扎进了金融界。

凯恩斯曾经对人们偏执地阻止解决任何问题给出了解释：

> ……资本主义的追随者往往过于保守，拒绝实际上可以对资本主义的运转进行加强和维护的改革，他们生怕这些改革会在实际上成为放弃资本主义的第一步。(Keynes，［1926］1931：294)

对于社会改革最初提出的建议，包括那些迄今为止对物种的生存必不可少的建议，都被金融集团归为革命的阵营，采纳这些改革措施将会改变原有的系统，对自己的利益造成损害。

战争依然是解决复杂问题的唯一方法

人类总是无法从历史中吸取教训，黑格尔（Hegel）在他的《历史哲学》一书的导论中提醒我们：

> 我们建议国王、政治家、人民从历史的经验中学习。但经验和历史告诉我们，人民和政府从来没有从历史中学到任何东西，他们从来没有遵从格言行事。（Hegel，［1822－1823］1965：35）

在过去的数万年中，我们一直无法摆脱战争。当我们暂且无法对一个相对复杂的政治问题给出方案的时候，我们总是依赖于战争作为解决所遇到困难的唯一办法。与之相反的是，我们也擅长重建被我们破坏的冒着硝烟的断壁残垣。

必须指出，黑格尔本人也认为战争对于重振一个变得衰弱的民族的精神起到了积极的作用：

> 为了不让人民与人民之间的隔阂根深蒂固，以免整体坍塌瓦解和精神消亡，政府的内心偶尔会被战争所动摇；通过战争，习惯的秩序被扰乱，独立的权力被破坏，对那些沉溺于原有秩序、渴望不可侵犯的自我和人身安全的个人而言尤其如此，政府必须在这个任务面前，让人们感受到死亡才是他们的归宿。（Hegel，［1807］1941：23）

不管是不是给人们沉睡已久的精神一击，战争仍在继续，比以往任何时候都更有生命力。也许最令人不安的是，我们似乎深陷恐怖之中。我们还没有达到气馁的阶段；尽管20世纪可能是我们已知的最好战的时期了，在伤亡者人数方面达到世纪之最：第一次世界大战造成近1 000万军人死亡，2 000万军人受伤，近900万平民死亡。

正如黑格尔所说的那样，人类总是无法从历史中吸取教训。我们清楚地知道，要把从历史事件中学来的东西保持住是多么必要，那些哲学家肯定会这样做；但是由于哲学家与君主之间没有任何沟通渠道，君主在制定决策时对历史教训往往置若罔闻。

除了领受生物学家“我们的物种是孬种”这一话语，我们别无他评。我们的物种就是一个殖民与机会主义的物种，我们的推理能力在通过改变自身的行为进而改变我们物种的命运方面没有丝毫作用——除了在我们能极好地运用科技去延长个人生命这方面之外。

我们已经没有多少时间了。我们的星球正在以惊人的速度毁灭：空气完全无法呼吸，我们无序的活动导致气温上升并引起水平面的上涨。而且，在过去的25个世纪里，我们没能让君主变成哲学家，或者说由哲学家来领导国家；现在看来，物理学家要想在两三代人的时间里在熄灯前力挽狂澜，这几乎是不可能的：障碍似乎难以逾越，任务是不可能完成的。

人工智能将不期而至，这是军队的责任

我们将加快创造出比我们更智能的机器，可以执行更复杂的、具有多样性的任务。我打赌——这是一个已知的赌注结果，因为我自己有机会在人工智能领域工作——30 ~ 50 年内，如果我们希望，所有我们今天执行的任务都可以由我们开发的机器人和软件代替完成。50 年后，我们仍将观察正在发生的变迁。而 100 年后，就没有什么是那么确定的了。

机器会自我复制，它们会自我修复并创造新的机器。它们将学会以我们的方式思考，但是不包括那些在我们的眼中让人怜悯的失败，因为它们是“如此智能”；它们也将会以不同的方式思考。我们必须认真对待以下猜想——**后生物学**——生物学的未来发展是由机器人接替人类进行的。

作为人类，我们表现出了令人钦佩的发明能力，我们能创造出更聪明、更理性、不会像我们那样因存在矛盾的需求而备受折磨、更容易在这个大部分被摧毁的地球上生存的机器；但是，如果我们不小心，那些我们设计出来的智能机器，将会在我们遗留下来的、那个不适宜人类居住的地球上取代我们。

我们应该把任务委托给谁？如今是军队在主导着人工智能的研

究，这也不是什么新闻了，因为从20世纪80年代末开始就已经是这样了。作为英国电信CONNEX项目的成员，现在我们终于了解到，原先不为我们所知的研究经费是由英国国防部提供的，而不是由向我们支付工资的商业公司提供的。与20世纪80年代末的先行垦荒者那个时代不同的是，现在的政府对此不再隐藏：2015年3月3日，中国搜索引擎百度的创始人李彦宏宣布，希望参与人工智能项目的研究，希望中国成为这一领域的先锋。他希望这个新项目在全国动员方面，就像是20世纪60年代美国的阿波罗计划一样。李彦宏解释道，已经为此项目招募到了美国斯坦福大学的吴恩达（Andrew Ng）教授，一位来自中国香港的杰出学者，他也是2011年“谷歌大脑”项目的创始研究员。

挪威已经开始生产被称为“智能弹药”的熟练机器人，这类机器的专业名称是自主致命武器系统。《终结者》的情节走出虚拟的书本和屏幕，甚至发生在我们还没有来得及意识到转折降临之时。

孤子的三个组成部分

前面我们已经提到了孤子，现在由三个组成部分相互交织而成的巨浪邪恶地向我们袭来，形成了真正棘手的难题：环境危机、复杂性危机、经济与金融系统的脆弱性（中央集权式的敛财机器及我们对投机犯罪的宽容进一步增加了其脆弱性）。

在这里，我的目的不是要说服人们相信人类正面临灭绝的危险：虽然我认为这迟早会发生。在这里，请允许我先对以下几个方面做一下非常简要的重申。

目前的环境灾难是大规模的和多方面的：巴黎污染的高峰期是从太阳刚升起时就开始的，晴朗的天气现在在首都巴黎环城高速悬挂的显示屏上被归为“特殊天气情况”；布鲁塞尔不断受到污染，这座城市对污染无能为力，因为这是由它上空的空中交通引起的；整个地球随处可见我们的垃圾，其中一些是核废料，我们慷慨地委托我们的后代去探索如何处理核废料这个“瘟疫”。

全球变暖的主要原因是人类活动：温室气体［二氧化碳、甲烷、氯氟烃（CFC）和一氧化二氮］的产生和森林的砍伐。这在日常生活中越来越容易察觉到。科学家们认为，在2000—2100年这一百年间，地球表面的平均温度预计将升高4.8摄氏度，这是一种剧烈的上升，无论是动物种群还是植物种群都无法适应这一变化，将遭受严重的损失。

全球变暖将加速破坏生物的多样性。其实，生物的种类已经因为人类的活动而大量减少了：城市化、森林砍伐、单一种植导致的土地退化，以及由对化肥和农药的过度和不谨慎使用而导致的中毒，等等。

由于过度使用化肥，一些关键的理化周期，比如氮或磷，已经在不可逆转地退化。石油逐渐枯竭，其能量投入产出比（TRE，即为获取1单位新增能量所需消耗的能量单元）正在快速下降。*

海洋酸化，使生存在其中的生命处于危险之中。温度升高致使冰盖融化，进而导致海平面上升无法得到控制；海平面有可能在21世纪持续上升1米。

人类环境的复杂性：人口密度正在持续增加，而且由于文化背景不同所带来的不可调和争端也在不同群体“共存”的背景下愈演愈烈。

我们命令机器帮助我们完成各项任务（同时使得人类机械化劳动的工作职位消失了），也命令它们越来越多地在一些琐碎无聊的事情（如股市**高频交易**、炫耀我们消费支出的**大数据**）以及最基本的、关系我们物种命运的事情上做出决定：一家公司已经任命一台计算机为该公司的执行委员会委员。这种将知识和决策委托给机器（无论是一款软件还是一个机器人）的做法，减少了人类的思考空间，使得有时人类也会受到机器操控，终将使人类成为机器的附属，并引起人类在广泛意义上的技能的丧失。

即将到来的“奇点”，即人类被人工智能不可逆转地超越了，将

* 原文如此，疑应为“正在快速上升”。——译者注

很快被正式宣布；虽然这在近年来已经是公开的秘密了。

情况绝对紧急

我们的经济和金融形势是如此绝望，这与物种生存受到威胁是同一个问题，因为当我们触及我们的物种和我们的载体——地球——之间的关系问题时，就如同一条吞食自己尾巴的蛇，我们固执地在一个变得完全不适合的框架内寻找解决方案。因此，在目前这种紧急状况下，我们不能再允许自己奢侈地问太多关于切实可行的新方法可能意味着什么这种肤浅的问题，因为新方法是获得救赎的唯一途径。

固然危险，因为我们知道，危机的局势使得诱惑丛生，特别是从我们对法西斯主义的观察中得到的，当把绝大多数人的命运模式化成一种“另类”社会动物的彻底机械行为时——或者，至少像是这样——如同蜂窝或者蚁巢，其中的个体总是为了整体的结构付出代价甚至牺牲生命。奥威尔（Orwell）在名为**《一九八四》**的书中和赫胥黎（Huxley）在名为**《美丽新世界》**的书中都是这样描述的：当社会机器迫切需要消除个人所保留的一切可能性时，个人的自主权只是一种妄想。我们很不幸地看到了 20 世纪这样一个恐怖的样本。

这同时也在说，自由主义的最终结果同样会产生这种危险，即使其最初的意图完全不同。冯·哈耶克或弗里德曼都支持皮诺切特的军事独裁这一事实提醒我们，如何用良好的意图铺筑通向地狱的道路……这是自由主义的两个典范，他们的目的是要保护我们的行为不受极权主义元素的影响，却快速陷入他们所揭露的黑暗之中。米歇尔·福柯（Michel Foucault），尽管作为思想家他有其可圈可点之处，但他最后还是和冯·哈耶克如出一辙，以完全相同的方式误入歧途：以自由主义的名义陷入了同类型的僵局，他在1979年支持伊朗革命中的另一种极权主义政权。

就像我们在麦克斯·施蒂纳（Max Stirner）19世纪的书中所读到的，每个人对绝对个人自由的追求，达成了对既定社会秩序的认可，而使得绝对自由的原则也顺理成章地成为合乎逻辑的结果。当每个人在这个对于财富——以及与财富相对应的权力——的分配与再分配彻底混杂的世界中行使各自的自由时，已经存在的权力关系就理所当然地被增强了，并且，建立在金钱基础上的贵族阶级行使权力的主导地位不仅仅被自动认可，而且被自动转化成第二本性，这使得操纵杠杆也变得隐形了。

自由主义，是现代活动的信条，足以媲美著名的“鸡舍中的狐狸”的自由。拉科代尔（Lacordaire）曾表示：“强者和弱者之间，富人与穷人之间，主人与仆人之间，是被自由压迫着和被法律解放着的”（Lacordaire，1872：494）。

有两种可能的方式来重新公平分配创造的财富。一种方式是建立一种系统，结合个人在社会工作中的三大分工，就像是由戴高乐参与想象和设计的，即每个人都可以找到相对应的头衔，资本家、雇主和员工。这些分工之间的对立问题不复存在，因为它们已经被“稀释”了。另一种方式是建立一个马克思主义进程，通过对社会劳动分工产生的必然结果的认知，进一步取消由这种分工所带来的阶级之间不平衡的权力关系。换言之，毁坏我们正在容忍的中央集权敛财机器是至关重要的，即使它的形式在每个社会是不断更新的——当社会建立在土地所有权的基础上时，它是由租金驱动的；当社会建立在金钱基础上时，它也可以是由利息驱动的。没有这一点，经济系统就不会有周期性衰退，并最终陷入永久性停滞。

马克思试图在阶级斗争的历史框架下抽象出两个关键参数，即价格的形成和工资的确定。他重点介绍了从亚当·斯密那儿借鉴来的所谓利润率倾向于下降的规律。

所有的固有模式都是有利于集中财富的。事实上，遗产禁令就是由乌托邦空想社会主义者所倡导的防止财富集中的首要手段之一。剩下的，就不得不借助于对私人财产的总体反思了。

机器人赢了!

“科学”的经济学遵循由约瑟夫·熊彼特（Joseph Schumpeter）创造的一个神话：如果亚当·斯密想象的“利润率下降趋势定律”存在，技术创新将周期性地重建利润率的幅度。它们不仅能创造利润，同时也创造了就业机会。

相比于技术创新破坏的，它创造了远远更多的就业机会；但自从1961年工业机器人以及20世纪80年代微型计算机软件出现以来，这个问题就趋向于逆转。罗兰·贝格（Roland Berger）公司认为，如果信息技术的应用在未来的法国将创造出30万个工作岗位，那么将同时摧毁300万个工作岗位。

如果说机器人和软件最初是作为人类的助手而出现的（机器人在汽车装配线执行一些任务、进行文字处理等），它们现在越来越多地被用来纯粹代替人类（全自动流水线，人类只需负责编写软件并进行维护与监督），算法（即交易算法）在股票市场完成了百分之五十左右的交易，并不是因为它们不能承担更多的份额，而是一定要在股票市场中保留足够比例的人以“榨尽钱财”!

在技术创新后成立的公司的特点，通常是它的前期投入资本率与日常工作进度成本相比较低，以及它所带来的资质和就业岗位与营业额相比是广泛而大量的。而今天的新型创新公司的这些条件则是完全逆转的。它们现在需要大量的前期资本投入，而只创造了相对于营业额来讲数量较少的高技能岗位。举个例子：当 WhatsApp 被 Facebook 以 190 亿美元收购的时候，它是一个只有 50 名员工的公司。

发展的方向在这个时刻是可见的和明显的，在布鲁诺·科尔曼特（Bruno Colmant）和我所著的名为**《用另一种方式思考经济》**（2014）这本书中，我们假设存在一种“实际工作率相对于累积劳动量下降趋势的历史规律”，资本在这里被当作累积劳动量。

这个新趋势从两个角度质疑了被广泛接受的技术创造就业机会的公知：事实上，很少有工作职位是由新型创新公司创造的，并且其创造的就业机会是针对非常高层次的人才的；这些人或者是先进计算机系统的协作者，或者他们自己就是这些软件程序的编辑者。

目前的趋势是，我们的经济正缓慢地靠向被美国人称为“赢者通吃”的状况，其中一小部分高端人才创造了不成比例的新财富，而资本持有者、机器人和相关软件的所有者与这些高端员工共同分享新型创新公司的利润。与此同时，其余人只能努力争取那些收入微薄的工作，因为从现在来看，他们所产生的价值是可以被忽略不计的。

然而，这些大量的不够优秀的工人的收入又如何呢？那些确保他们生活的工资，并提供购买力的资源从何而来？这种工资能够让他们购买机器人生产的产品吗?

值得注意的是这个问题的最后一个方面，我在同一本书中提到应该面向机器生产征收“西斯蒙第”税，正如瑞士经济学家、哲学家让·查尔斯·伦纳德·德·西斯蒙第（Jean Charles Léonard de Sismondi）提出的建议那样——被软件或者机器人所替代的工人受益于这种全球机械化，这是整个人类的进步，而不是简单地使人类成为受害者。

极端自由主义者催生了一个只有机器人的世界

在《**数字治理**》这本书中，阿兰·苏彼欧写道：

> 自近现代以来，一个古老的希腊理想中的城市选择了一种由法律统治而不是由人统治的新的形式：这就是一个建立在机器模型基础上的政府。该运动遵照苏联提出的计划，首先，减少了法律扮演的角色，将法律局限为一个计算效用的工具。其次，该运动由于与网络虚拟世界的联系而更进一步了，这就必须对自然界和人类世界有一个网状的视野，并趋于消除人类、动物和机器之间的差异，利用如动态调节系统来进行个体与个体之间的交流。这个新的假想是与自由主义经济的道路相符合的——自由主义经济把计算经济置于法律的盾牌下——而极端

自由主义则把法律置于计算经济的盾牌下。市场范式已扩展到所有的人类活动，并成为全球的基本准则。(Supiot，2015：408-409)

人们发现“建立在机器模型基础上的政府”这个理念与从“消除人类、动物和机器之间的差异”这一运动中所观察到的近似：机器强加给我们的，既是一个样板，也是一个竞争对手，它不仅剥夺了我们的工作，也同样迫使我们按照它的模式思考。

将人类与简单的机器进行法律识别的运动并不是最近才开始的。同时苏彼欧提到，作为人类与机器同化的奠基时刻，美国法官 O. W. 霍姆斯（O. W. Holmes）于 1881 年的意见是：

法律约束的唯一普遍影响是如果不履行承诺，承诺方有义务支付损害赔偿。(Supiot，2015：202)

这段直白的话抹杀了一个概念，即作为人类的优势就是人类语言上的承诺可以转化为价格，然而一个能说话的机器所讲的话是没有办法被接受和**认作人类**所说的话的。

苏彼欧评论道：“教条主义的价值——是不可估量的——我们说出的话语被货币价值所取代”（Supiot，2015）。借此机会重申，当尊严还没有在其他同类商品面前丢掉它的特殊性之前，有时候**尊严**也会被称作“价值”，因为现今除了它的**市场价值**以外，它已不再被赞赏：

> 我们知道康德（Kant）赋予尊严的著名定义，“在君主统治末期，一切都是有**价格**的或者有**尊严**的。有价格的商品可以被一个有同等价格的商品所替代；与之不同的是，高于任何价格，没有什么能与之等同的，是尊严。”尊严，是“高于任何价格”的，逃脱了计算经济的定义。除了第一个缺点之外，尊严还有第二个缺点：它站在一个不容置疑的位置上，包括一份责任，而不仅仅是个人的权利。(Supiot，2015：202)

苏彼欧还失望地指出，经济学家们习惯利用应用经济学中的**博弈论**来建立反社会的生硬模型——以保证金融计算的优势——并将其称为一种“理性行为”：

> 博弈论没有给让·穆兰（Jean Moulin），或所有那些无论好坏都把某些价值观置于自己生命之上的人留下任何空间。(Supiot，2015：192)

尊严从一个免于所有定量分析评估的领域转到了得到平庸评价的经济领域，但这是怎么做到的？这种运动一定是在两个历史转换时期发生的。

第一个转换的实现是从把自然人与权利及义务相“捆绑”开始，直观的理由就是，通常自然人都拥有一份“财富”；转换到法人就是一个公司。

第二个转换是紧随其后发生的，从公司法人转换到机器。这两个转换没有伴随着任何实体的调整，而是将一个模型应用到了新的转换结果之上。首先，由自然人到公司法人：个人被重新定义为公司［我们已经提到过了，诺贝尔经济学奖得主罗纳德·科斯和加里·贝克尔已经把这一点形式化了］。其次，一旦公司被比作一台机器，连接就建立起来了，人，最初被视为公司，最终就会被比作那个普遍的标准，这个标准就是所有的一切（人被比作公司）都会向机器看齐。

这场历史性的演变的开端，是在自然人的基础上发明了**法人**这一身份。这发生在19世纪中叶的美国。当时需要解决的问题是，在一家公司（其资产和生产的能力）唯一的所有者去世后，该公司将何去何从。如果没有**适当**的法律形式，该公司将以解散告终。这样的结果是不利于其客户、不利于其员工的，更广泛一点来说，是不利于整体经济的。现在的解决办法是把企业本身作为一个独立的实体，在其所有者去世后依然能够持续经营。多年来，法人的权利并没有停止增长，但是其义务却有所减少，其潜在的永存保证了企业从此能建立一个与之相关的几乎无穷无尽的财富和权利的积累。而自然人正在经受一个与之相反的变化：其义务变得越来越严格，而享有的权利正在逐渐减少。在行使权利方面的解决方案，是将一个自然人的命运与一个公司法人的命运联系起来。根据盎格鲁-撒克逊法律，“信托”允许这样做：个人、自然人，可以像法人那样，从而享受强有力的权利，并通过永存使权利得到保障。

从黑格尔的描述来看，这种发展岂不是一个“理性的诡计”？在将极端自由主义的主要思想付诸实施的时候引发了一场生态、经济和金融危机，其规模如此之大，最终意味着人类物种的灭绝，极端自由主义原则的法律规则创建在预想世界由机器人来运转的框架之上。极端自由主义加速了在各个任务中人类被机器代替的运动，将世界极端**商品化**，仅仅建立在评估和数量比较的基础上，承诺的“尊严”将被摒弃，取而代之的是计算损失与利益，也就是厚颜无耻地强调“贬值”的悲剧。在这个只有机器人存在的世界上，**承诺**丧失了一切意义，机器人是无法像人类那样保证承诺被实现的；同时对于羞耻、内疚、失去荣誉的这些感觉，也与承诺一样，**成本效益**的计算将成为人们行为的合理框架。这就是我们要留给我们后代的世界吗?

“光荣属于子孙后代！”

在20世纪50年代，大人们向像我一样的孩子们解释，他们被唯一的忧虑所引导：为了子孙后代牺牲自己。

我已经不是一个孩子很久了，从那时起事情有了太多的改变：不仅是没有了为子孙后代牺牲自己的问题，而且要求子孙后代为我们牺牲——我们当然是用“请”这个字，这只是一种说话的方式：对我们来说，我们提前预支了他们的牺牲，并且没有征求他们的意见。

这一切都不是什么新鲜事。想想住房，在过去的半个世纪里，银行倾向于把资金给予那些“贷款抵押物的价值较高但盈利能力下降”的行业，而房地产业正是特别满足这些特点的行业。迄今为止，受信息技术影响最小的行业就是建筑行业，尽管所有的东西都正在随着设计和3D打印技术而共同快速地发展。

不动产可以为贷款提供担保，其中，建筑物在贷款中扮演抵押物的角色。对资本利得感兴趣的麻省理工学院的研究人员马修·罗格利（Matthew Rognlie），研究了法国经济学家托马斯·皮凯蒂（Thomas Piketty）的名为**《21世纪资本论》**（2013）的畅销书。马修·罗格利的研究结果显示，几乎所有收益都来源于房地产的增值。他的想法与阿代尔·特纳勋爵（Lord Adair Turner）是一致的。在2013年之前，特纳是英国金融服务管理局（即英国金融市场监管机构）的负责人，他于2010年编制了不必要甚至是有害金融活动的清单。

特纳开始注意到了一个问题，当一个行业的规模超出其所对应的真正的经济作用时是有害的。而其观点的反对者认为“金融部门应尽可能地扩大”，人们难以想象发电厂会试图超越市场需求，因为能源部门的能力应与经济需求相匹配（Turner，2010）。

特纳随后提议，我们的金融活动以对“社会”有益或对“经济”有益来区分。让每个人都感到惊讶的是，他把住房贷款列为无用的甚至有害的贷款。他解释说，如果我们检视自19世纪以来的英国经济，我们会惊奇地发现，住房贷款（占英国贷款总额的65%，如果加上商业住房贷款，该比例将达到75%）在过去的两个世纪中只完成了一项功能：将不动产以极其夸张的价格卖给下一代。在特纳看来，住房贷款的存在只是为了通过后继的一代得到过多的养老金（Turner，2010）。

是什么支持了这种行为?“土地价格在无情地上涨，我亲爱的先生！我们能做什么?”结果呢？年轻家庭从前为了住房需要申请为期5年的住房贷款，接着是10年，之后是15年……现在情况是怎样的？要借多少年？您确定吗？啊，该死！这意味着，现在已经需要超过一代人的时间！这太糟糕了：它不仅意味着住房的成本越来越高，而且意味着每一代都将把这个烫手山芋通过债务转嫁给下一代！

然而彭博社的诺亚·史密斯（Noah Smith）为这个高价提供了另一种解释：在城市中心的活动能带来利益。城市中心地带的空间是不能无限扩张的，稀缺性推动了价格的上涨。由租金所产生的固定利益是无关乎努力或天赋的，史密斯提议对其征税。他指出，米尔顿·弗里德曼这个传奇人物，认为房产税的征收打破了这个固定利益而为社会整体造福，认为房产税是“最不坏的税”。

在养老金方面我们如何对待我们的后代？在养老金制度建立后不久，人们就大批退休了。该制度以低廉的价格顺利地运营。然后，医学进步创造了奇迹，战后的婴儿潮扩张了一整代人的数量。如今，数量减少的年轻人（那些从事机器人和算法留给他们的少数工作的人）正在辛勤劳作以便为退休者提供养老金。

难道就从来没有人想过吗？当然有，“我们”原以为：“它”还没有愚蠢到如此地步！但是我们太幼稚了：我们认为，机器人和软件将协助我们的工作，提高我们的生产力，让每一位工作者都成为一个越来越被认可的财富之源。没有人认为机器人和算法会完全取代我们，使得我们中的大部分人失业，工作岗位日益稀少，而机器的生产力只是有助于公司向股东分配更多的红利，并为它们的高管提供巨额奖金。

换句话说，在我们尤为天真的20世纪50年代，我们想到的是机械化和信息化将会使所有人受益。我们忘记了我们的经济制度是资本主义。

这就是为什么领取养老金的退休人员要靠少数就业人员来养活：因为机器已经停止了对我们的帮助，只是愉快地取代了我们，它所带来的好处完全属于那些拥有和控制它的人。

最后谈谈核能。我们的下一代将像我们想象的一样，超级聪明。我们非常有信心，他们会比我们更聪明，因为他们会找到办法来处理我们累积的、自然降解需要成百上千年的核废料。祝你们好运，未来的小爱因斯坦们，因为我们就靠你们了！

我们今天靠套牢子孙后代来生活，我们留给他们一堆需要维护的昂贵的爆炸性垃圾，同时剥夺了他们以工作来维持生存的手段。

短期行为是会计准则的一部分

维持地球——我们的家园——的现状，使我们继续和谐地生活在这里，是优先于任何其他要求的一项基本要求。从我们今天来看，在最短的时间内获得最大的利益，使地球在不久的将来不再宜居是与这一基本要求相对立的。

每个人都应该转换为长期的盈利主义者，并以此作为日常生活的新指令。雅克·阿塔利（Jacques Attali）认为，我们应该在每时每刻想到，我们的行为正在被我们的后代所评价。这是个极好的建议！

我们仍然没有足够的一起重返长期盈利主义的希望，但试想一下，我们可以达到一个临界值：从长期的角度看，这会不会使我们行为的总和变得美好?

这是值得怀疑的，因为我们存在短期行为，对长期目标的忽视和对利害关系缺乏全面视野根植于我们的经济逻辑中。

是谁把它放在那里的？我们制定的会计准则和新的财务惯例——是的，“我们”当然是说话的一种方式：特别是会计准则的起草工作，已经被各州转交私人机构承办［美国由财务会计准则委员会（FASB）起草，世界其他地区由国际会计准则理事会（IASB）起草］。

我们一致认为，短期行为是导致了自2007年以来我们一直与之搏斗的金融危机的主要因素。我们从中看到了一种心态，一种人类贪婪倾向的简单体现。或者说，“短期行为”不是一个心理特征，而是一种结构效应，因为它现在被纳入会计准则中，这些会计准则规定了企业如何编制资产负债表，也就是说，如何向公众展示其经济健康状况。

短期行为作为会计准则论据的哲学，其含蓄的推广可追溯到20世纪80年代。观测到的趋势是两个因素共同作用的结果。

第一个因素是会计准则起草工作的国际化和私有化。如今，一部分会计准则是由大型会计师事务所联合起草的，如毕马威、德勤、普华永道和安永会计师事务所，另外一部分文本撰写则是由国际机构负责的，即国际会计准则理事会。

国际会计准则理事会位于美国的特拉华州，那里被称为“避税天堂”，或者更确切地说，是一个“避税港”；它的资金是私有的，并且大部分是由这些会计师事务所提供的。顾问的作用之一就是撰写会计准则用于监督会计师事务所的运作；会计师事务所不仅要决定会计准则的内容，而且更重要的是，还要继续为国际会计准则理事会提供大部分资金（尽管其方式有所变化）。在这样的结构中，固有的利益冲突达到了顶点。此外，国际会计准则理事会不向任何国家或国际机构负责，不受任何民主控制，享有绝对自主权。因此，在这一层次上表现出一种完美的和谐，这并不令人惊讶。

现代会计的发展分为三个阶段。**第一**，在19世纪初，只对真正公认的利润记账；这就需要提前覆盖所有一切可能的费用，之后再对公司进行利润分配。**第二**，从19世纪中期开始，利润表现为提前“打包”，为吸引小投资者，要在世界上吸收和汇集小额储蓄，投入不成比例的项目中，比如建设纵横交错的铁路或者开凿巴拿马运河和苏伊士运河；爱弥尔·左拉（Emile Zola）的**《金钱》**一书的读者记得，不再年轻或漂亮的女人的嫁资将最终被全能银行的摩洛克*这类项目所吞噬。**第三**，在20世纪80年代，出现“会计逐日盯市制度”（以“市场价格”）预先分配利润。

其结果是，丝毫的可见利润会立即在朋友间被分享；如果在公司再融资、研发等配套发展方面缺乏资金，好的，我们借钱！

---

* 古老的闪族文化中与火焰密切相关的神祇，又被后世称为邪恶丑陋的魔鬼。——译者注

大约在 1975 年，咨询机构麦肯锡遇到了一个棘手的大问题：投资者和大公司领导人的利益不一致。在一定程度上，其中一些人获得了利益，另一些人的利益则被剥夺了。这种潜在的对立是对员工的利用。因此，这是一个亟待解决的问题，麦肯锡解决了这个问题。公司董事会将被授予在当天购买公司**股票的期权**，即他们可以购买自己公司的股票。如果股价攀升，他们收益的增加取决于他们持有的股票数量。

所有董事，作为股东，现在都把目光放在公司的股票上了，力争通过一切可以想象的手段将其财务报表一季度一季度地做高，尤其是运用“创造性会计”这种手段——这是一种友好的表述，用来指代会计欺诈。短期行为现在是经济的一部分：麦肯锡赢了。而未来已经完全被牺牲了！

2001 年 12 月，美国安然公司突然破产的历史事件表明，会计师事务所与需要它审计、担保其账目的公司之间可能存在共生关系：安然公司的破产毫不留情并不可避免地传递给了安达信。

20 世纪 80 年代以来，短期行为进入会计准则，然而其对于推进民主进程没有什么影响。特别是它允许公司董事及其股东分配那些现实中从未兑现或者拖后兑现的收益，进而不断地窃取公司的资金。一个很好的例子是 1993 年安然公司的两位高管从印度大博电厂的建设过程中所获得的奖金：瑞贝卡·马克（Rebecca Mark）获得 5 400

万美元，乔·萨顿（Joe Sutton）获得4 200万美元。其依据是，在新的会计理念下，电厂在其存续期间产生的全部收入都可以提前预计，而且出现在公布的季度报告上。考虑到未来的巨大收益，这9 600万美元奖金似乎可以被忽略，但该工厂从未投入使用，所以这些收益也从未被实现。对其股东而言，一家大公司被它的高管所抢劫，在一个较小的程度上——但仍然太过离谱。目前这已成为国际会计准则的一部分。

第二个因素是鼓励短期行为的经济决策：会计准则与经济“科学”的“发现”保持一致。

不切实际的财务盈余报告是我们刚刚看到的一个例子；确实实施了**理性预期**标准的经济理论的逻辑意味着，在信息透明和对称的世界中，所有通过有效的合同确定的收益都是必然能被实现的。假定宇宙是由“拉普拉斯”决定论支配的，也就是说，对现在的完美认知会使得我们对未来有一个完美的认知——这一概念已经在20世纪被物理学家们否定了，但经济学家们至今没有放弃；我之后会再次谈到这一点。

坚不可摧的财产与使用即被磨损的财产

罗马法学家已经很好地理解了财产所有权的三个维度：所有物

的使用权、所有物的收益权和所有物的销毁权。所有物的使用权是指我有使用我所有的财产的权利；所有物的收益权是指使用其果实（比如我花园里结出的梨等）的权利；所有物的销毁权是指摧毁我所拥有的财产的权利。最后这个权利是受到诸多限制的，例如，在第一次世界大战中农场主为了防止法国军事侦察机停到自己家里而在田地中插上木桩——这是令军方不愉快的！

然而世界并不是由相互隔绝的气泡组成的，私有财产权的行使没有清晰的边界。我要强调的是，这是一个非常重要的问题。那个燃烧轮胎发电的工厂致使 5 公里外的人们咳嗽；但是当工厂创造就业机会时，没有人向工厂出示医疗账单，这是完美的。相反，我蜂箱中的蜜蜂去邻居家的果园采蜜使他的果园大丰收；邻居也不会为此付给我钱，甚至都不会对我说一声谢谢。

经济“科学”记录私有财产的质量是有漏洞的，那些由燃烧旧轮胎而产生的医疗账单被称为“负外部性”（或称为“负外部经济效应”或“外部不经济”），而为养蜂者邻居的植物免费授粉被称为“正外部性”（或称为“正外部经济效应”或“外部经济”）。换句话说，经济“科学”知道如何考虑以下事实，**收益权**有时会超越理论限制，无论是有用的（如蜜蜂授粉），还是有害的（如污染烟雾）。然而，如果经济“科学”谈论**收益权**，是指它以这样或那样的形式被溢出时，或者它在以我们预期的方式行事时，这时经济“科学”

是无法谈论**收益权**的，甚至不用去思考。种子会发芽，因为下雨；植物会生长，因为有阳光；土壤里有财富，只需要去挖掘。这些我们眼中的**意外之财**，“当然”，也就使这个地方的主人获利了。

经济“科学”认为地球对我们是慷慨的，这是理所当然的，而不再将这个设定包括在它的计算之内。只要燃烧轮胎还没有杀掉附近所有的人，一种神奇的杀虫剂还没有消灭蜜蜂，大自然给我们的恩惠在我们看来就是“不需回报的财富”，这些财富或者归于它的所有者，或者由其所有者与那些带来财富的人分享，是大自然挥霍它的财富而给予人们的**意外之财**。

我们认为没有必要去区分可再生和不可再生的**收益权**：我们还没有发现坚不可摧的所有物的使用权与使用后会磨损的所有物的使用权之间的关键区别。这并不重要，当地球上人类的数量还不算多时，每个人都有足够的空间和似乎无穷无尽的资源。但大家都知道，这个时代已经不复存在。

我们以国内生产总值（GDP）来判断我们的经济健康与否，而它很难被纳入“外部性”，不论是正效应还是负效应。哎！更糟糕的是，因为 GDP 是盲目的、不择手段的：它对于资源的可持续利用，或者以“焦土政策”为特征、对所有东西的掠夺式开发，均完全以相同的方式入账。

对我们来说时间是有限的，也许已经太晚了，但如果我们打算继续讨论这个问题，那么我们就必须尽快对有可持续**收益权**的资源与不可再生资源的财产做一个清晰的法律区分，否则只会为我们留下被“废石堆”环绕的一个个大坑，以及一座座垃圾山。

增长是需要支付利息的

谈到“增长”，我们必须记住，我们的经济增长不只是为了好玩或者是让所有人都更富有。当然不是，我们的经济是为了支付利息而增长。为什么？因为用于支付利息的资金已经不存在于金融体系中了：它们必须从新创造的财富中获得。我们需要很多利息。20 世纪 90 年代，德国人赫尔穆特·柯兹（Helmut Creutz）曾经计算过，在我们支付的价格中，30% ~ 40% 都是用于支付利息的（Creutz，2008：243－249）。当然，必须找到这笔钱的来源。

确实，在消费信贷中，支付的利息并不构成新创造的财富的一部分：被抵押的是在未来会受影响的工资。这就是为什么中世纪的教会医生称我们所说的“消费信贷”为“高利贷”，唯一的原因就是借款人是被迫为借款支付利息的。而在今天，为你所借的钱付出利息是完全正常的，因为你没有其他选择。

我们生活在由《稳定与增长公约》所约束的欧元区。该公约涉及下述内容：如果一个国家的经济增长没有超过其债务的“平均”

利息（加权平均来说涉及金额与付款时间）——因为负债——那么该国的赤字将会增加。这不是疯狂的官僚发明的一种专制机制：这就是债务的运作方式。增长，是支付利息的手段。

如果你们想象的增长仅仅是一个可能的经济事实，可以让每个人都比以前更富有，这是没有必要的，因为我们从来没有像今天这样富足过。唉，醒悟吧！增长是写在资本主义制度的基因里的，没有增长就不能生存；我接下来还会谈到这一点。增长确实能够使个别人更富有：那些获得利息、股利（这是相同的系统，只是应用到股票上了）以及夸张的奖金的人；并且，在最好的情况下，它不会使其他人变得更穷。

民间智慧告诉我们，“双鸟在林不如一鸟在手”，这似乎是显而易见的：只有上帝知道今天和明天之间向我们承诺的人会发生什么，使得承诺无法在未来被兑现。今天和明天之间必然存在风险因素，我今天拥有的东西可以立即使用；而我明天可能拥有的东西，今天则无法使用。这就是凯恩斯所谓的“流动性溢价”——“流动性”，与我们所说的“现金”是相对的，比如，储蓄账户中的资金只能履行一定程序后才能被取出，是有一定期限的。

流动性溢价意味着，在比较“已经握在手中的”和“你将拥有的”时人们更倾向于选择“你将拥有的”，这个“你将拥有的”至少要翻番——甚至更多！现在拥有的一个和未来会有的两个，这两者之间的区别是，我们需要为未来支付利息。

利息支付是一大笔资金。凯恩斯曾精确计算过，将利率设定为3.5%，被弗朗西斯·德雷克（Francis Drake）于1580年从西班牙无敌舰队上抢到的每个埃斯库多（葡萄牙及智利的货币单位），到了1930年都价值10万英镑。

如此惊人的数字代表了什么？支付利息的系统是建立在不可持续指数逻辑基础上的，为了使之永久延续，就必须不时地破产。如果我们不在必要时把债务数字归零会发生什么？很简单：我们重新成为债务的奴隶，这就是中世纪农奴制束缚的源头。

在我们这个时代的最初几个世纪，财富的集中使越来越多的人口负债累累，导致社会出现了一种从未出现过的新状态：世袭制度迅速形成，农奴们一代代地依附于地主的土地。只有革命才能够结束这种诅咒。

有一个小故事在2013年春季流传（它的真实性并没能被证实）：一个年轻女子申请了10万美元的助学贷款，她将用她未来一生1%的收入来交换2万美元以偿还债务。这些年轻女性被新式的农奴制所胁迫。我们漠视民主链条赋予金钱的力量，使我们无力地见证了这种无奈再创造。我们面前有两个选择：普遍破产或者农奴制。这取决于我们做出的正确选择！

负增长在资本主义制度下是不可能的

我们必须立即着手减少增长：为了长远考虑，我们不可能继续像现在这样持续每年消耗大量地球资源。因此，我们从取消向借款人收取利息或者向股东支付股利开始。但是，我们并没有选择这条路：没有人愿意考虑它。即使我们意识到有必要这么做，我们也不敢肯定自己知道如何去做。

在2015年5月弗朗索瓦罗马教皇颁发给各地主教的通谕的第193段记载着：

> 我们知道，那些消耗和破坏越来越多的人的行为是不可持续的，而其他人无法在符合人类的尊严中生活。现在是时候接受在世界的一些地方存在一定程度的下降，这可以为其他地方的健康成长提供一些资源。

我这里提到的减少增长是一个经济目标，属于我们的经济目标。但并不是说，**负增长**是**增长**的对立面；增长在我们的经济制度中是扮演关键角色的。

在这一段中没有被提到的，同时在整本通谕中都没有被提到的是，事实上，自苏联解体以来，资本主义经济系统就基本上成为世界范围内占主导地位的系统。由于增长是**资本主义**制度的组成部分之一，所以如果我们不质疑我们经济系统的“资本主义”本质，谈论**负增长**是不可能的。我们面临的是如此大规模的挑战。

支配我们现代社会的经济系统并不像我们想象的那样是一成不变的，而是具有“资本主义”“市场主义”“自由主义”甚至是“极端自由主义”这些特点。我们的经济是“资本主义”经济，**资本**在所有生产过程中是一个必要的**前提条件**，私有财产制度的建立往往是因为资源的缺乏，而资源是生产所必需的。因此，资本必须靠筹资来获得，贷款需要支付利息，公司通过上市筹资时则需支付股利。我们的经济同时也是“市场”经济，这时分配是基于市场的，资本及其收益在市场上交换：所谓的“资本”市场。最后，我们的经济是“自由主义”经济，因为它提出了平衡个人自由和国家的特权之间的关系，作为公共利益的代表，甚至是“极端自由主义”的。这个合理问题的答案是强权之下给出的，国家必须满足于确保一种纯粹的、完美的竞争——极端主义的概念能够让金钱的贵族阶层兴起，掌握权力，并制定整个社会的法律。

增长及其反面，即**负增长**，仅涉及这三个方面中的一个：我们社会的“资本主义”层面。**增长**是必要的，以便支付利息和股利；它能够从新的财富中实施支付，主要是从我们周围的自然资源中提取好处，人类劳动在创造新财富方面起到了催化剂的作用。没有经济**增长**，利息和股利在没有由消费贷款、提前抵押工资所构成的预支财富情况下是无法支付的。

然而，在弗朗索瓦教皇通谕中建构的框架内考虑**增长**或它的反面——**负增长**，不是资本主义制度运转所必需的，要知道，正如我们刚刚看到的，确保利息和分红的支付需要一个完全不同的框架，即**同类间的爱**——“世界上一些地方的负增长为其他地方的健康增长提供了资源”。

然而，**同类间的爱**的概念对于自由主义意识形态来讲是完全陌生的，自由主义意识形态结合了资本主义、市场主义和国家自由主义概念，并构成了我们经济系统的框架。爱的唯一形式，就是**爱自己**产生的自私的利益，这是推动我们经济自我调节的引擎。正是这个动机使得“看不见的手”存在，确保了公共利益。

市场经济信条在**《国富论》**（1776）中得到了最典型的表达，亚当·斯密在其中写道：

> 我们期望的晚餐不是来自屠夫、啤酒商和面包师的仁慈，而是来自他们对自身利益的关切。我们不会寄希望于他们的人性，而是要寄希望于他们的自私；而且我们从不谈论我们的需求，我们总是谈论他们的利益。（Smith，［1776］1990：48-49）

但**同类间的爱**是被排除在自由主义框架之外的，或者根本是不存在的，因为它的存在被视为我们经济体系自我调节的障碍。极端自由主义者弗里德里希·冯·哈耶克认为，“社会正义”的概念被

“剥夺了意义”，而另一名极端自由主义者米尔顿·弗里德曼确认，公司有社会责任这个命题必然会导致“极权主义”：但这里并不是指智利的军事独裁者皮诺切特——皮诺切特自己发展出了该政体，哈耶克的观点与此完全一致。

弗朗索瓦教皇通谕的第193段中提出的一个普遍问题是，当代教会的信息与极端自由主义概念框架的兼容性问题，我们已隐晦地接受或者容忍了当代的经济制度。

“敛财机器”

国际货币基金组织（IMF）总裁克里斯蒂娜·拉加德（Christine Lagarde）在2013年5月15日的华盛顿演讲中指出，世界上0.5%的人口拥有全球35%以上的财富。与此同时，在美国，据估计，1%的最富有的人口拥有43%的资产，而最不富有的50%的人口只拥有2%的资产。在这一半被剥夺继承权的人中，有不可忽略的一部分人的财富是负数：这50%人口中有一部分被压榨至“欠”别人的钱。

贷款人向借款人收取的部分利息就是上面提到的“流动性溢价”，产生了财富在人群中分配不均的漫反射作用。利息的另一部分还有一个作用，即信用风险溢价，它是与借款人的具体身份有关的，但也是由于财富在人群中的分配不均。“信用风险溢价”由贷款人要求并包含在利息之中。这部分溢价是为了弥补当前承诺的利息或许永远都不会被支付的风险，甚至更严重的是，借款人默认不会偿还部分或者全部本金。

期货交易是指在签订合同时，给予一个操作或者一个交易一段时间 t 的支撑（支付约定总额或协议的那部分金额），但当商品或期货的交付将延迟一段时间（时间 $t+n$）时，多出的强制利率中的力量平衡就会表现在两个方面：一方面是流动性溢价（反映在资本市场上贷款人和借款人在集体层面上存在的力量平衡）；另一方面是信用风险溢价（反映贷款人和借款人在个人层面上存在的力量平衡）。

在现货交易中，“时间”元素——在远期交易中，在交货前支付的时间价格——是不存在的，它是卖方要求从买方处获得的利润，表现了买卖双方在交易瞬间的力量平衡。

出现了两个交易对手：现货买卖中的买方和卖方，或者贷款中的贷款人和借款人；在交易中体现为利润，在贷款中体现为利息。无论如何，一笔资金将以利润或利息的形式被释放出来，这将养活“敛财机器”，使之在后台——我们的经济中——以平稳的方式运转。

最终，当人们的购买力不足以使资金有效地投资于商品和服务的生产时，财富的集中就会导致经济机器瘫痪。当这种情况发生时，多余的资金就会出于必要而转向投机（以避免因通胀而贬值），而这只会导致一个结果：扰乱价格形成机制，“投机性”的价格就会出现。每个人都知道，并不是只有经济学家知道：价格与商品或服务无关，是其组成部分的价格之和。

法律和财政手段可以阻止或者鼓励敛财机器。例如，可以通过对劳动的征税少于对资本收益的征税来阻止它，或者通过相反的行为来鼓励它。

金融部门在一个国家的经济中所占的份额

一个国家的金融体系有着等同于一个血液系统的使命，能够起到滋养其经济的作用。但在一般情况下，各国从 19 世纪后半叶直到现在已经一个接一个地废除了那些禁止投机（从技术方面可以理解为“禁止有关金融工具价格上涨或下跌的赌博”）的法律。而从那个时候起，投机开始了其合法化进程，甚至在某些情况下攫取了相当大一部分——或者有时甚至全部——新创造的财富。我们必须质疑金融部门对一个国家经济的实际贡献。这个问题的答案还远远没有被明确，对于一个特定年份，这个问题只有在很多年后才会变得清晰，原因我们将拭目以待。

一个国家的国内生产总值是一年内所有活动的总**增加值**。增值大致等于利润，即销售价格和生产成本之间的差额。

对增值的计算本身存在许多问题。例如，我们应该认真考虑是否应该采用“价值”一词，因为当我们谈到“价值”作为价格的隐藏真相时，还得注意到“价值”也指构筑道德框架的参考标准。如果答案是肯定的，我们应该质疑“增值”这一称谓是否合适，因为某些超额利润是由卖方过于不平衡的力量造成的。

此外，我们是在整合资本、创造就业和确保监督的框架下认同生产的，我们是否应该质疑报酬的传统定义？它作为工作成本，在会计的意义上，最好是被最大限度地减少；同时，作为利润的一部分，它是支付给股东的股息和支付给经理层的奖金，这时应该被最大化，而且一般认为报酬是会对国民生产总值产生积极作用、促进其增长的。事实上，把工作当作成本却把股息和奖金当作利润是武断的：这是一个政治选择的表达，其背后隐藏的仅仅是一个微不足道的会计技术细节。如果说我们对这个战略政策的选择视而不见，那仅仅是因为它处于我们机构的心脏；而它对我们来讲又是那么显而易见，虽然其起源似乎已经在时间的迷雾中消失了。

由金融部门产生的增值部分很容易计算，即由银行和保险公司提供的各种服务的佣金。由金融业中介活动产生的增值，也就是信用分配产生的增值，则存在很大问题。它采用了联合国国民账户系统于 1993 年实行的一种方法，叫作间接测量的金融中介服务（Financial Intermediation Services Indirectly Measured，FISIM），即**间接计**

算的金融服务。这种指定的方法解释了如何计算国内生产总值的增值以及借款人的贷款与**融资成本**，要知道利率是借款人为了得到贷款数额所要支付的清偿成本的乘子。

如果两个利率（即银行要求客户的利率和资本市场要求银行的利率）之间的差额可被视为归属于银行的利润，那么计算是不会有任何困难的。然而，事实上，在几乎所有情况下利率都隐藏地包含着借款人无法偿付利息或者无法偿还本金的风险所产生的溢价。一份比利时国家银行的文件（名为《银行贷款利差分析：按风险类型细分》）为我们解释道，当银行向中小企业发放贷款时，将会把"国家风险溢价"计算在收取的利息中，也就是说，比利时的信用风险溢价表现在主权债务上，也表现在比利时债券的国际资本市场评估上；"投资级公司风险溢价"是指相对于借款给社会公共部门而言，借款给公司的风险溢价，此外，还有"中小企业特定风险溢价"。

这些不同的风险溢价要求建立准备金以应对借款人不支付利息或者不偿还本金的"信用崩溃"情况。如果在贷款到期前一切顺利，收取这些溢价就毫无意义：如果风险被高估，收取的资金将成为利润的一部分。然而，一旦出了问题，如果风险得到正确评估，正确收取的溢价犹如中了头彩。在严重危机的情况下，风险可能被严重低估，收取的溢价是远远不够的。这时国家甚至可能必须组织**救市**，即用自己的资金（到最后就是纳税人的钱）来补偿损失，以避免某家银行因无力偿还而导致的破产，以及可能发生的“系统性”风险，也就是说，由某家银行破产而引起的整个金融系统的巨大动荡。

因此，在金融危机时期，因为信用风险溢价正变得越来越昂贵，利益与资金成本之间的差额可能会大幅扩大。但是，这并不会使部门重新健康运转起来，正相反，这些有问题的高“增值”往往会掩盖对惨重损失的预期。为什么金融部门对国内生产总值的贡献在西方国家于2008年第四季度达到顶峰，同时该系统的整体偿付能力命悬一线？原因恰恰在于：事实上，信心已消失，所有随之而来的为建立储备进行的交易，都可看作是最后崩塌前的苟延残喘！然而，与此同时，中央银行作为最后贷款人发挥了很大的作用，收取的信用风险溢价已无法覆盖实际的风险。

人们提出了各种建议以消除这种异常情况：金融部门对国内生产总值的贡献实际上要低于登记在案的贡献的三分之一。其中一个建议是在计算增值额时提高隐含的信用风险溢价那部分利率所对应的融资成本；另一个建议是在衡量国内生产总值时从信用风险管理角度取消准备金。

事实上，没有一项法律或者会计准则规定将信用风险溢价用于建立银行准备金。如果它没有被用于补偿实际损失，而是被当作利润计入资产负债表，并被作为金融机构发放给股东的股利或公司高管的奖金而重新分配，而不是用于准备金，那么，当危机爆发时，原则上宣称的信用风险溢价只是个空盒子！不幸的是，这只是持续削弱金融体系的主要障碍之一。请注意，如果大多数问题都不能完全浮出水面，当人们发现问题时就会立即出现请求减少处罚的情节：以参与者“非理性”的行为、市场的“不完善”等等为理由；这是正确地执行了被经济“科学”所担保的错误推理的结果。

福利国家依赖于增长

美国和加拿大都没有在自己领土上经历过战争（1941 年 12 月日本偷袭珍珠港，以及在加利福尼亚州圣巴巴拉市和魁北克圣劳伦斯发生的小规模冲突除外）。第二次世界大战结束时，这两个国家发现自己明显比其他国家富有得多。1944 年，在新罕布什尔州的布雷顿森林国际会议上美国提出将美元与黄金挂钩，其他国家货币都与美元挂钩。与此相对，凯恩斯提出捍卫英国的选择：建立基于国家之间平等贸易的国际货币体系，通过每年本国货币的升值或者贬值来重新平衡这种微妙的关系，设立共通的会计货币（世界货币）**班克尔**。美国的建议占了上风，按照这一方案，任何国家都可以将其货币挂钩黄金，但是每个人都知道，只有美国才足够富有以采用这种方案。因此，所有其他货币都将通过以固定的汇率兑换美元来确定其价格。

在 1948—1952 年这段时间，马歇尔（Marshall）计划慷慨地向欧洲捐赠了相当于今天 1 140 亿欧元的资金，以支持欧洲重振经济，并努力遏制苏联势力范围的扩张。

重建工程使得欧洲开始复苏。美国通过北约完成了对它的卫星国边界的保护，就像当时人们总谈到的“苏联卫星国”一样。

但是布雷顿森林体系出现了一个矛盾的地方，即“特里芬难题”，这个名字来源于比利时经济学家罗伯特·特里芬（Robert Triffin）。它提出我们要注意一个事实，即一种货币不可以毫无顾忌地代表两种不同的资源，也即美国的财富和在美国领土以外使用美元作为参照货币的国家的财富。在英国的鼓励下，“欧洲美元”（在美国以外流通的美元）市场开始出现，英国的账户在其中起到了主导作用。

“捍卫自由世界”——在冷战的背景下，美国的势力范围——成本越来越高。尼克松（Nixon）在 1971 年宣布放弃布雷顿森林体系，因为越南、柬埔寨和老挝的战争耗费了美国的巨大资源。

1944 年，在与陷入困境中的英国摊牌时，美国赢得了胜利。但是，英国还有王牌在手：它的殖民帝国。虽然这个帝国很快就会分崩离析，但是与以前联邦殖民地联系密切的大城市还存在，伦敦仍然是帝国的中心，英联邦的较小属地很快成立存在最少法律限制的群岛，为建立未来的避税港提供了基础设施并且为大国悄悄地洗钱提供了合法渠道。

福利国家最早诞生于俾斯麦（Bismarck）统治下的德国，俾斯麦惧怕马克思主义革命。英国的威廉·贝弗里奇（William Beveridge）把它系统地整理于1942年发表的一篇著名的报告中。同时，带薪假期风靡欧洲。福利国家不是建立在现实经济基础上的。事实上，工资作为公认的成本，是要不惜一切代价来降低的，而高管的奖金和股东分红则是受到鼓励的。正如我已解释过的，实现利润最大化是要付出代价的。在此背景下，福利国家的支出（除了支付给股东和企业高管的部分外）会破坏经济的增长。

1973年10月，阿以战争后，欧佩克（石油输出国组织）国家将成品油价格提高了70%并对美国和荷兰实施禁运；两个月后，油价再次上涨，成品油价格相比于战争开始前翻了两番。从重建中获得的财富表现出放缓的迹象，而这场石油危机标志着“辉煌三十年”的结束。从那时起，西方国家的社会保障就处于防守的地位了。

为了维持福利国家，各国陷入债务困境。它们逐渐鼓励社会保障私有化，补充养老金出现了：人寿保险、疾病和伤残保险正在撤退，补充险（商业保险）的参与范围扩大，直到成为强制性的。社会保障正变得依赖于金融市场的健康。我们从一个有利的角度将这种大规模倒退呈现给公众时，我们要人们自己对自己“负责任”，他们对自己生活品质的监控有所增强。但是由于各国越来越被迫求助于资本市场，各国面临着信用风险评估，从而导致了借贷成本的提高，各国按照与商业企业相同的标准来评估其预算管理。

次贷危机的代价相当大：欧元区8%的国内生产总值；到2015年秋，有3.3%已经恢复，然而还剩下占国内生产总值4.7%的负债。欧元区国家曾向金融部门明确保证负债会减少到2014年国内生产总值的2.7个百分点。国家的主权债务全面恶化，平均已超过国内生产总值的4.8%（BCE，2015：74）。

通过投机于衍生金融工具，信用违约掉期（CDS）提供了双重机制同时作用于主权债务评级：一方面，客观来讲，精算师是基于过去观察到的损失频率（在概率上）进行信用风险评估；另一方面，基于保险本身的供给和需求进行信用风险评估——无论承保人是否真正暴露在信用风险中，因为保险公司持有的债券可能会面临偿还能力出现问题的国家的违约（Jorion，2015：228－243）。陷入困境的国家都会被自动堵死：债务的信用风险不仅根据客观标准评估，而且根据信用风险溢价水平进行评估。信用风险溢价随着合同需求的增加而增加，而一部分合同需求纯粹是投机性的。

在欧元区方面，有一个共同货币运作的条件从未得到满足：主权债务共担。因此，每个国家的融资成本均变得多元化：希腊欧元是对国家不足的财政资金夸大评估的投机行为的受害者，希腊欧元不再与德国欧元等值。欧元区正被强大的离心力所撕裂。

欧洲的局势因难民危机而变得更为严峻了，因为全世界都处于一种危险境地，即采取一种不受惩罚的行动来解决难民问题。

解决方案还是存在的。首先，我们必须通过及早直接参与创建一个对新创财富公平分配的机构，斩断福利国家对增长的需求，不管时机是否成熟。公平分配要求对把工资列入成本、却把分配给高管的奖金和股东的红利列入利润这一会计准则产生怀疑，要考虑它们作为一个整体对商品或服务生产的贡献。我们还必须建立一个新的均衡的国际货币体系，类似于早在70年前由凯恩斯在布雷顿森林会议上提出的多边银行体系。

政治经济学是一门真正的经济科学

由于缺乏一个分析经济事实本身的良好工具而在政治经济方面产生的困难，这一点再怎么强调也不为过。事实上，平庸的经济“科学”为什么能够长时间存在并赢得那些被鼓动者的人心，特别是商学院为什么为经济“科学”的发展不断提供可观的资金支持呢？更重要的是真正的经济学的确存在，当时它被称为“政治经济学”。不幸的是，在那些对它的存在不能容忍且更推崇有利于他们自己目标的理论的金融家的怂恿下，政治经济学被毫不犹豫地故意破坏了。

商界对政治经济学的敌意并非如人们所想象的那样，是对卡尔·马克思（Karl Marx）著作的一种反应，特别是其**《资本论》**(1867)（副标题为**《政治经济学批判》**）。商界对于政治经济学的敌意始自大卫·李嘉图（David Ricardo）提出的劳动价值理论，该理论认为所有创造的财富重新分配后不会回到对这项工作投入劳动的人的手里，即它是以掠夺劳动者为前提而开始的。这是一种科学式的假说，值得在这方面进行检验，尽管这个理论在我看来并不算完善，因为在生产商品的过程中必须考虑所有这些因素——被皮埃尔-约瑟夫·蒲鲁东（Pierre-Joseph Proudhon）称为“交易”，源于我们身边大自然的恩惠——开启了整体提前预支、互相催化的过程。我们观察这个过程，为了制造商品我们必须认同，这不仅是劳动力的贡献，也是自然资源的贡献、集体工作的协调等。

无论如何，一个由李嘉图提出、被马克思采用的科学假说，其方法论的有效性是确定的。与之相反，经济“科学”已经成为空谈，其功能恰恰是为了掩盖科学尝试方面的表象。

经济“科学”是一个教条主义的空话，金融家们经常援引它，以模糊对经济问题的辩论。在与政治家的交谈中，金融家援引它主要是为了使潜在的反对者沉默。经济“科学”是基于公设的，也就是说，没有人愿意检验的假设，这些假设掩盖了一些最基本的问题，特别是：什么是财产的表现形式？创造的财富是以什么方式重新分配的？经济中的力量均衡都有什么？所以请不要对我们所期待的、以政治经济学为开端的其他建议被经济“科学”所取代而感到惊讶，这使得我们没有提前预测到始于 2007 年的**次贷危机**的规模。更糟糕的是，**次贷危机**爆发了，而经济工具实际上无法发挥作用，无论是微观经济理论还是宏观经济理论都无法对此进行补救，除了紧缩——也就是降低我们的工资，然而我们降低的工资正是我们的对手（股东、高管）获得的报酬的一部分。

我们迫切需要重建政治经济学：现在必须研究出仍然缺乏的分析工具。19 世纪 70 年代是个值得铭记的时刻，从那时起政治经济学受到了抑制。现在要继续那时的思考，因为当时已经奠定政治经济学坚实的基础。创建新的工具，这就是我试图要做的。例如我在**《价格》**（2010）这本书中建议的价格形成机制的一种模式，或者就像在**《与凯恩斯一起畅想经济学》**（2015）这本书中所述，当两种不同的机制都对价格有影响时会发生的一种模式。我们应该走的道路是人类经济学，是一种不脱离政治也不脱离社会的经济，但“嵌入”在共同的整体之中。这是人类经济学创始人卡尔·波拉尼（Karl Polanyi）与马塞尔·莫斯（Marcel Mauss）共同研究的项目。

这项任务并不复杂。经济“科学”的复杂，并不是经济问题固有复杂性的反映：在经济论文的思想维度中加入复杂的解释是对现实的故意混淆。一个真正的经济科学就像凯恩斯理解的那样，必须推崇**定性**而不是**定量**。

在我努力的同时，一些物理学家分析了近几年经济的外部性（并不向当前话语看齐）问题，并且取得稳步进展。物理学家借助各种假设特别是热力学的假设，实现了对经济运行客观解读的模拟。

经济“科学”是中立和“非政治性的”

假设我们采取一种符合**经济科学**的经济运行措施：这将是合乎逻辑的考虑，这项措施是独立于其他各种意见的，相对于任何一个公民的意见，它都是中立和“非政治性的”，所以它的处理可以是“纯粹的技术”。

如果它是中立和“非政治性的”，要采取和应用这项措施就要忽略民主选举过程中征求选民的意见，这显然是正常的。由于它的处理被当作是“纯粹技术”，所以把它委托给技术人员而不是民选官员是合乎逻辑的。

现在想象一下，**经济科学**并不像它声称的那样是一门科学，那么问题将会完全不同。如果我们所谓的“经济科学”只是现实中的一个政治程序，试图伪装成一门科学，那么它的动机绝不可能是中立和“非政治性的”。这正是阿兰·苏彼欧在**《数字治理》**一书中所断言的：

> 我们必须强调两者之间的密切联系……一方是极端自由主义者的政治承诺，另一方是经济分析的科学性。为了在公共舆论和在科学界建立这种信念，这些经济学家增设了诺贝尔经济学奖，朝圣山学社的许多成员都是诺贝尔经济学奖获得者，如米尔顿·弗里德曼、罗纳德·科斯和加里·贝克尔。阿尔弗雷德·诺贝尔的后代于2001年明确反对该奖项，称“瑞典皇家银行将它的蛋放在了另一个鸟的巢里”，以使这些被芝加哥学派的经济学者捍卫的论题合法化。（Supiot，2015：186−187）

由瑞典老板支持的朝圣山学社成立于1947年；其既定目标是对抗凯恩斯学派的影响力，主张自由放任经济学。芝加哥学派是极端自由主义的知识中心，特别是以在智利军事独裁期间支持皮诺切特的激进政权而出名。

经济科学假定经济是由一群被称为**经济人**的理性个人组成的，他们的目标是通过理性选择稀缺资源来最大化个人财富。

亚当·斯密是政治经济学最杰出的代表，正如我们之前提到的，政治经济学在19世纪后期引领经济科学的诞生。政治经济学认为，每个人都属于不同的阶级，每个阶级在经济中各自扮演着自己的角色，它们之间的利益经常发生冲突。弗朗索瓦·魁奈（François Quesnay）在他著名的法国**《经济表》**（1758）中强调“工人阶级”与“有闲阶级”具有不同的利益。正如我们所看到的，写作**《资本**

论》（1867）（副标题为**《政治经济学批判》**）的卡尔·马克思与弗里德里希·恩格斯（Friedrich Engels）两人在**《共产党宣言》**（1848）中断言："人类的全部历史（从土地公有的原始氏族社会解体以来）都是阶级斗争的历史"*。

举个例子，就如已报道的事实，会计——与经济"科学"完美结合——假定支付给员工的工资是成本，要尽可能最小化，而支付给股东的股利和公司高管获得的奖金则属于利润的一部分，需要被最大化。如果这是一个科学事实，那么把这个问题以"纯粹技术"的方式处理是很正常的。但是社会中属于不同阶级的公民对此持有不同的意见，这是不正常的，甚至是不公平的；这种措施被认为是——正如今天的情况一样——中立和"非政治性的"，但在实施时却绕过了民主选举过程中与选民的协商。

"在这些人当中，先生，我们不闲谈：我们计算"

罗纳德·科斯提出过这样一种观点：如果我们想解决人类在地球表面上的不受限制行为而引发的生态环境问题，我们就一定要将那些仅剩的公共资源私有化。在继续追求自己的利益时，我们被告

* 马克思，恩格斯．共产党宣言．北京：人民出版社，2018：12.

知公司将承担重整秩序的职责，这比起国家为解决问题而起草禁令能获得更好的声誉，最终禁令出现——我们认为这一方法弊大于利，好的意图不受控制是后患无穷的。

正如我们所看到的，“排污权”的概念也要归功于科斯：我们不是禁止企业污染，而是组织污染权交易，这种交易能够降低全球污染物的整体排放，同时也不需禁止排污。

科斯的想法是旨在减少温室气体排放的“碳交易”的基础。“碳交易”作为1997年《京都议定书》的后续行动，于2005年开启，到目前为止，对其效果的评价是模棱两可的。原因何在？坚持标准理论的经济学家错误地假设了有一只**“看不见的手”**在引导价格，趋向整体经济的最优化。阿兰·苏彼欧为此解释道：

> 科斯试图证明，当交易成本为零时，通过私人安排而不是法律或监管能更有效地解决负外部性问题。为此，他从权利竞争角度而不是侵权责任角度提出了这个问题。（Supiot，2015：195－196）

科斯在《社会成本问题》（1960）中写道：“如果只执行那些收益高于损失的活动，这显然是可取的。”苏彼欧具体解释道：

> 例如，如果一家公司污染了一条河流，法律问题不是对它的污染活动进行监管，而是它的生产权与第三方的捕鱼权问题。因此，解决问题的最好办法就是污染者和渔民私人之间进行协

商。假设其污染活动为公司带来的增益为1 000英镑，而渔民所遭受的损失是200 英镑，那么应以出售排污权的方式在这两个数值间定价。(Supiot，2015：196－197)

自我监管的支持者喜欢嘲笑他们敌人的幼稚，因为其敌人幻想规则是解决所有金融和经济问题的灵丹妙药，然而自由放任的支持者本身也是幼稚的，因为他们认为价格会坦率地依附在它们“客观”的水平上。就像是买卖双方，或者贷款人和借款人，彼此之间不存在支配关系……就像是在市场上经济主体的唯一目的是为**价格发现过程**服务，即发现“客观”价格……就好像他们不是为了利润而干预市场，而是通过实施策略以实现自己的目标……或者直言不讳地讲：标准经济理论表现得好像金融家是慈善家，而不是商人……

因为必须指出的是，他们的问题就是要让经济“科学”拥有像其他科学那样坚硬的外观和声望，经济学家故意抹掉所有金融交易背后的“逐利”维度，而任何人都不会忽略，利润是所有金融交易的基础。

费希尔·布莱克（Fischer Black）和迈伦·斯科尔斯（Myron Scholes）在1972年和1973年提出的期权定价模型是一个很好的例子。该模型从建立的那一刻起就是错误的，所有的市场参与者都知道这一点，但他们并没有减少使用这个模型，而是使用各种招数来规避它的错误。就个人而言，在20世纪90年代初，我修改了溢价公式，以避免这个错误：我引入了卖方利益作为一个额外的变量，在任何情况下这都是一个恒定的数值。

毕竟，还有什么能比卖家对从交易中获得利润的关注更合乎逻辑的呢？但是，我惊讶地从迈伦·斯科尔斯（费希尔·布莱克已于1995年去世）和社会学家唐纳德·麦肯齐（Donald MacKenzie）——这个模型的创建者们之间的会谈中得知，利润这个参数对于正确计算是至关重要的，但是为了保持模型的纯度并没有将利润纳入其中（MacKenzie，2006：248-249），其借口是“市场效率”，通过套利可以消除任何利润因素的影响，也就是说，卖方之间的竞争使利润趋于零！然而，卖方的利润确实存在，但我们拒绝它的存在——毫无疑问，出于体面，导致了这个每个人都能看出来的错误。

经济“科学”已经树起了它天真的认识论原则

当你与经济决策机构的经济学家当场讨论的时候，你会发现——惊讶地，或者沮丧地——他们在处理问题时明显地缺乏对认识论的反思：缺少对知识本质或者对我们第一印象的可靠性的思考。我们所见的这个世界看起来像是一个无形资产：在他们眼中，世界就像它自发地呈现给我们的那样。对他们来讲，掩盖可靠事实的欺骗性情景是不可能出现的。被卡尔·马克思称为“唯物主义”的情况也没有被考虑到，可能发生的是所谓的“物化商品化”，也就是说，我们感觉就像是一个事物的**倾向自然而然地**误导我们：向我们表现它们不真实的一面，要知道这个概念已经被古希腊人用“现象”一词确切地表述了。因此，同样地，在我们看来资本似乎会自然增长，而这掩盖了这样一个事实：在看似自然增长的背后，组合了大自然的慷慨（为我们提供有益的阳光、风、雨、埋藏在地底下的各种资源等等）与人们的实际劳动（却没有被支付足够的报酬），然而收益却落入了可能不配拥有它们的人的手中。

用皮埃尔·布尔迪厄（Pierre Bourdieu）的话来说，我们的经济政策制定者对于世界有一个基于“自发类别”的纯粹经验理解。这些自发类别是语言中最常见的词语：因此，如果语言中有“灵魂”一词，那么肯定是因为人们都是有灵魂的；如果存在“意志”一词，那么肯定是因为我们拥有一种叫作“意志”的禀赋，等等。

这种坦诚阻碍我们看到“常识”后面的世界是否存在，以及是否存在幕后的操作机制，比如，资本“自然增长”可能意味着社会阶级存在，这些社会阶级可能是其成员的个人利益所驱使的，世界不是一个简单的、我们“第一眼”看起来那样的事物的集合，同时理解表面浮现的元素和其中隐藏的机制是有益的。

经济“科学”是这种盲目性的帮凶。它甚至提出了一个“个人主义方法论”作为原则和感知世界的预先假设，其含义是，存在于人类社会的集体秩序的现象不应该被看作是**自成一格**的：该原理没有特殊性，但特异性是必要的，以提供一个完整的解释来描述个人行为。换句话说，从这个角度来看，当人们在一起时，我们的行为不存在集体维度而是一个简单的集合、个人行为的简单集合。再换句话说：在个人与集体之间没有观察到质的飞跃。因此，要描述集体行为，只需描述个人行为：它只是简单地将个人行为乘以组成人群人数的 x 倍。因此，在描述集体行为时，没有什么比彻底描述个人行为更重要的了。虽然个人行为就像是孤立的个体，但毫无疑问，个人行为是相互作用的。

现在，我们凭直觉知道，情况绝对不是这样，这个世界不是以这种方式运转的，在集体行为中的一些情况，我们无法简单地从个人行为中推断。相比于个人的人性，集体性需要成为独立的研究对象，做出独特类型的社会学假设。因此，经济“科学”的**个人主义方法论**，自动成为一个“反社会学”。

同样，“拉普拉斯”决定论也被转换为经济“科学”理性预期学说。它假设，如果我们能完全理解现在，那么未来就可以被完全预测。数学家和天文学家皮埃尔-西蒙·拉普拉斯（Pierre-Simon Laplace）写道：

> 我们必须［……］把宇宙的当前状态看作是它先前状态的结果，也是其随后状态的原因。一种智慧，在一个特定时刻，能够了解所有使得自然运动的力量，了解构成自然的各个物质

> 的情况。如果这个智慧足够强大，将这些数据提交分析［也就是进行微积分计算］后，把所有一切放到同一个公式中，比如宇宙中最大的物体运动或者最轻的原子：没有什么是不能确定的，未来和过去一样，都逃不过它的眼睛。

离散动力系统及其支系统，“混沌”系统，已成为20世纪下半叶人们关注的对象了。亨利·庞加莱（Henri Poincaré）于1910年已经对这些原则进行了概述。当物理学已经抛弃了拉普拉斯的观点时，经济“科学”尚未对其框架做任何更新：一个过时的物理学界的理解，被它不可修正的原则所僵化了。

我个人是属于那种认同“了解一切知识都具有认识论层面”这一观点的传统知识分子。我很荣幸地曾经成为英国人类社会学的代表人物之一，我始终捍卫方法论的价值。人类社会学要求，当涉及人类现象时，为了给出一个名副其实的解释，它必须能够反映出所观察到的事实作为个人和作为我们所属的社会组成部分的人类角色的那一方面，还要反映出人类社会在保障其成员福利情况下正常运转的制度层面。

就像是蜜蜂的行为解释了蜂窝的六边形结构，蜂窝的独特结构是由蜂窝的建造方法决定的。蜂窝是由大量蜜蜂同时拍打着翅膀集体建造的，这也是整个蜂巢具有独特结构的缘由。反过来，蜂巢结构恰恰能确切地对蜜蜂的行为做出解释。人类活动，无论是常规的、反射性的，还是故意的，都是由它最终的原因所推动。从某种意义上讲，人的“目标”是由达到目标的计算决定的。人类的行为也在这里得到了解释，是受行为方式影响的。这两者之间的关系是辩证的：在一个相互决定的情形中，个人将体会到在组织中生活是一种什么样的感觉，这种感觉又反作用于组织塑造和组合个体的形式，然后个人采用特定的方式来定义组织的动力系统和行为约束；组织将以不断化解“不能承受的压力”的形式发展，这种“不能承受的压力”可以被表达为不满或者怨怼的情绪，从而又回到了上面提到的“感觉”。

我对方法论的承诺意味着，在我所给出的解释中，责任不能只归咎于某些个人的罪恶，也不能只归咎于某些有害的机构，特别是国家——就像宁愿认为极端自由主义者并非没有不可告人的想法一样，如果他们是蜜蜂的话，他们不可能将养蜂场概念化。

圣茹斯特（Saint-Just）的声音避开了轩然大波，最终推陈出新，及时收复失地，阻止了社会苦难的扩大化。这告诫我们：当组织还在惩罚那些有美德的个人的时候，就不能要求个人有美德；如果对美德的呼吁还有一丝成功可能性的话，必须对制度进行适当修改。

经济“科学”认识论的幼稚是故意的、以先决条件和基本概念的形式嵌入的。这意味着经济“科学”制定了一个原则，不对刻画商家“常识”的认识论进行反思。所以我们不会对下面的事情感到十分惊讶，自由主义的路德维希·冯·米塞斯（Ludwig von Mises）和弗里德里希·冯·哈耶克是经济“科学”内部使得这一原则闻名的源头，而他们的先行者则是约瑟夫·熊彼特（Joseph Schumpeter）——第一个提出“银行创造**无中生有**的信用”这一神话的经济学家。

金融被我们不能违背的原则监管

2008 年，当金融市场崩溃时，“金融道德化”一词被人们快速提出，但没过多久就被遗弃在一边。没有得到足够的重视的是，几乎所有制胜战略都不可避免地违背了金融监管的原则，即纯粹和完美的竞争以及透明度，这是完全竞争必须要满足的条件之一。根据经济“科学”，事实上，市场最优运转的条件是尊重以下两个原则：纯粹和完美的竞争导致均衡，使得利润趋于零，而透明度使得信息对称以确保价格的客观性。

这里的困难是——我接下来要说的不会让我的读者们感到惊讶——没有一个理智的卖方会对利润趋零感兴趣：与之相反，他们试图占据垄断地位或者寡头垄断地位，这会使得卖方最大限度地获得利润。至于透明度，每个人都能从交易中别人的透明和自身的不透明中获得好处。我们甚至想要确保买方像卖方一样了解产品的质量，但很难想象如何做到这一点。

当然，当人们根据有关产品质量的内幕信息进行交易时，内幕交易会受到处罚；但是尽管某个违约者被警察抓住了，但仍有成千上万的违法者毫发无损地穿梭于法网的空隙。故意不利用现有的信息优势，这无疑是违反人性的行为；在日本，人们的强烈抗议推进了对内幕交易的立法。

于是乎，监管部门对一些公然违反纯粹与完美的竞争以及透明度的行为视而不见也就不足为奇了。因此，我们允许市场参与者隐瞒自己的身份以及交易数量的暗池存在。其中高频交易是指通过电脑操作的交易速度一秒钟超过一万次，以确保完全不透明。

监管机构有时甚至会为那些违反神圣原则的人做辩护。而欧洲中央银行（ECB）行长让-克罗德·特里谢（Jean-Claude Trichet）拒绝透露关于篡改外汇**掉期交易**的相关信息，使得2002年希腊成功伪装满足加入欧元区的条件，争议的焦点是“在当前形势下市场非常脆弱”以及“将增加波动性和不稳定性”的信息。在一般情况下，市场透明度总是被渴望“另择他时他地”。

至于纯粹和完美的竞争，确实有一个用处：它能够区分开那些系统中的荣誉者和失败者。一旦进入精英阶层，竞争就停止了：互助和团结就会成为规则。明示或者暗示的协议、卡特尔都证明了这一点……想想那些在2008年对伦敦银行同业拆借利率（LIBOR）的操作，这几乎需要所有市场参与者协同合作，然而，只有瑞银集团交易员汤姆·海耶斯（Tom Hayes）被指控在日本市场合谋操纵伦敦银行同业拆借利率。毕竟，互助和团结不一定是道德的……

避税港是金融系统的真正核心

自20世纪70年代中期以来，随着英国玛格丽特·撒切尔（Margaret Thatcher）以及美国罗纳德·里根（Ronald Reagan）时代的到来，金融领域形成了绝对自由放任的氛围。一场意识形态驱动的放松管制运动开始了，其目的是让商业贵族阶层除了已经拥有的经济实力以外，还要晋升成为政治权利唯一和最终的拥有者。

从那一刻开始，人类通过思考得出的结论来改变自己行为的能力被故意放在一边，这样做的奇特理由是，任何人类干预都是弊大于利的。冯·哈耶克是意识形态改革的先锋，他认为只有自发的人类组织才值得尊重（他把私有财产放在首位），而那些从思考中得来的（因此国家）将自动被谴责。

这个成功运动的结果是剥夺了与财富有关的特权，并确立了对优胜劣汰事实的认可。

卡于扎克（Cahuzac）事件于2013年春季在法国爆发。杰罗姆·卡于扎克（Jérôme Cahuzac）在任职法国预算部长期间，在他的职责范围内发起了打击偷逃税款的运动，而他自己就是一名逃税者。这一事件使避税港问题成为头条新闻；而同一时间，塞浦路斯银行系统的破产强调了这个被暗中实施救援的欧盟成员国同时也在“为不在欧元区内的纳税人”扮演避税港的角色，要知道俄罗斯公民与其本国税务机关的关系甚为微妙（与爱尔兰不同，塞浦路斯的战略是吸引大多数属于欧元区国家公民的偷漏税者）。

这时突然出现的卡于扎克事件向天下表明，避税并不是今天国际金融体系的外围和传说中的事情，而是真正的核心：几乎所有的大型国际公司的避税策略都涉及避税港。

2014 年 11 月，卢森堡泄密（Luxleaks）事件使卢森堡大公国引起了全世界（至少是全欧洲）的公愤，因为审计公司普华永道被窃的 28 000 页档案被公之于众，揭示了它在 548 家公司的税务行政裁决中所扮演的角色。由税务部门颁发的行政决定，允许一家公司在卢森堡注册并享受税务优惠，其中税率要远低于官方公布的数字 29%，有时甚至接近于零——美国邮政服务公司联邦快递在卢森堡享受到了低于 1% 的税率。

如何解释这场风波引起的骚动？其实，卢森堡泄密事件早已经占据了所有相关书籍的第一章。如何解释？这一事件并不是最近才发生的，因为早在 1929 年该国就已经走在了“免除在本国注册成立的外国控股公司税收”这条道路上了。《公开的秘密！》成为一篇财经媒体文章的标题。但公开的秘密对于业内人士和对于普通人来说是有本质区别的。

为什么这个事件会在这个时刻被泄露出去呢？是为了让欧盟委员会的新主席、曾经担任卢森堡首相二十多年的让-克洛德·容克（Jean-Claude Juncker）难堪吗？很好奇他怎么会无视出版于2011年、销售了成千上万本的尼古拉斯·谢森（Nicholas Shaxson）的《有钱人这样避税》一书呢？

不，残酷的事实是，那些民众经历了紧缩计划的国家，资源已经极其匮乏，对此人们怨声载道。基于此，那些在2008年之前被视为友好的偷猎者、采用避税服务手段并曾被解读为成功的乐观标志的避税港，如今应被拉回同一阵营，同甘共苦，按相同标准进行考量。那么，我们要让卢森堡重新遵守秩序——我们迄今为止做得太软弱无力了，卢森堡竟然参与了欧洲一体化的各个阶段：1944年比荷卢经济联盟、1951年欧洲煤钢共同体、1957年欧洲经济共同体等等。

事实上，我们指出了“每个人都知道”的民意，只是民意的矛盾表现形式已发生变化：我们会为此担忧。与其让民众突然发现一个尴尬的事实而引起愤怒，还不如采取提前预防的措施，让它以较为平静的方式被国际媒体报道。这样人们为此上街游行的概率就会降低。

经济控制权异常集中

当然，有一项十分特殊的研究，突然迫使我们以完全不同于之前盛行的方式来描述我们熟悉的宇宙（我们称之为“范式转换”）。在斯特凡·维塔利（Stefania Vitali）、詹姆士·B. 格拉特菲德尔（James B. Glattfelder）和斯特凡诺·巴蒂斯顿（Stefano Battiston）于2011年发表题为《全球性企业控制网络》这篇文章之后，我们重新审视民主的实际运作。

苏黎世理工学院的这三位研究员引领了一项使得跨国企业网的存在证据更显见的研究。跨国企业网是并行于主权国家的权力网，它的核心是数目极少的（147个）、有优于国家的可观经济实力的跨国企业。这项研究运用了无可挑剔的科学方法论，在毫无争议的情况下指出，在一个透明度很低的主权国家权力结构中，一些数量极少的跨国公司行使着实际权利：“737位主要股东占有了跨国公司价值的80%。”此外，“公司控制权的分布程度，比财富的分配更不均匀……那些一线演员被列在控制权名单的首位，他们持有的控制权是人们期望他们拥有的财富的十倍以上”（Vitali et al, 2011：6）。

维塔利、格拉特菲德尔和巴蒂斯顿的研究提供的证据证实了以下假说，这个假说也许能够阐明民主国家运转中观察到的异常，迄今为止显得极其冒险：要知道如今实际权力是由跨国公司行使的，主权国家也仅能行使跨国公司授权的那部分权力；为了这个授权，主权国家被跨国公司攫取了一大笔金钱。

在此之前，该假说仍然被局限于“阴谋论”——这个想法被认为是最糟糕的妄想；然而，苏黎世理工学院研究人员的研究用最严苛的数学方法对此给予了支持。

假说给民主权利带来的后果是，民主权利的作用范围已缩小到一个从属部门，可以说是在跨国公司监督下的“自由”；该部门的范围是由跨国公司设定的，并且也只能由它们设定。

除了维塔利、格拉特菲德尔和巴蒂斯顿的观点之外，两年前美国国家经济研究局发表的一份题为《危险关系：提高关联、风险分担和系统性风险》的研究报告也包含这一信息。作者包括斯特凡诺·巴蒂斯顿、诺贝尔经济学奖获得者约瑟夫·斯蒂格利茨（Joseph Stiglitz）和其他三名研究人员［多梅尼科·德利·加蒂（Domenico Delli Gatti）、莫罗·加勒加蒂（Mauro Gallegati）和布鲁斯·C. 格林沃尔德（Bruce C. Greenwald）］：这项研究强调了全球性企业控制网络的高度乱伦性使得今天真正的权力集中于极小部分人手中，这是极为脆弱的，并容易受到传染效应影响而引发没有预警的重大危机。美国投资银行雷曼兄弟破产后，整个金融系统步其后尘，于 2008 年秋季崩溃，这可能正是金融体系脆弱性的征兆。

“全球性企业控制网络”这项研究对于“民主是否被金融所束缚”这一问题给出了一个明确的答案，因为147家“世界巨头”中有四分之三是金融机构。

这项研究同时也提出了“为什么权力如此集中却从未被权威质疑”这个问题，尽管它的存在违背了竞争原则，而我们认为竞争原则是经济系统正常运行的关键。答案是，跨国公司因为自身的属性能逃避在国家框架内部存在的**反垄断**类型法律。答案实际上就是问题本身：“为什么这种全球范围内的权力集中以前从未出现过？”因为以前与维塔利、格拉特菲德尔和巴蒂斯顿同一类型的研究都限于一国的框架之内。

应该指出的是，纯粹在国家框架内部的研究已经显露出了大公司不可忽视的权力。下面的数字给出了被美国大公司持有的主权债务。

时期	大公司（总数）	主权债务持有比例（%）
1957—1961年	2 344	66
1977—1981年	2 676	65
2006—2010年	2 675	82

说明：近年来的增长是可观的：由大约三分之二增长到了82%。

我们的民主事实上是“纳税选举制”的民主

司法的建立围绕着税务规则，旨在允许大公司的管理层在所谓税收方面及广义的监管方面，能够以最优的原则和他们的意愿来选择公司的国籍。公司注册地选在那些税率最低的所谓避税港能够帮助他们实现这一目标。跨国公司在那些居民很少的小国家正式注册，逃避了所有人口稠密、关注共同利益的国家的监管。苹果公司就是其中之一。利用各国税收法规的模糊性，该公司成功实施了其企业集团主要组成部分不受任何国家管辖，实现了完全的“非领土化”。没有义务，没有承诺，这些跨国公司不在地球的任何地方、不受到任何一个真正的公民社会的约束。

私有财产**处分权**总是在自然人面前被削减，而在法人面前也就是公司面前未受减损；与自然人被授予的处分权相比，如今法人能够行使的**处分权**被放大了许多倍。

由避税港提供的“信托”公式与不透明的司法相结合，可以使自然人仅仅运用一些诡计就可享有法人的权利。该机制如下：拥有个人财富的人“免除”对其财产的管理责任，并将其委托给一个独立的管理者。通过避税港提供的匿名服务，由管理者间接签署一系列权利继承委托书，而这一系列委托是由空壳公司（即只在法律意义上存在的公司）——来保证的；这个管理者（假定）是独立的，实际上只不过是假装通过信托来“免除”管理其资产。这个操作使拥有最多财富的个人，可以将他们作为自然人的财务权利转换为法人的财务权利，并通过蜕变以实际权利的形式提高了相应的权利。

利用法律策略，个别自然人有可能拥有像目前公认的法人所拥有的最大权利。这个可能性被同样的这些人加入到了公司的控制权中，这在维塔利、格拉特菲德尔和巴蒂斯顿的文章中有所说明。

援引美国宪法保障言论自由的第一修正案，人们实现了**自然人**到**法人**文字游戏的延续，美国最高法院于 2010 年 1 月决定允许公司在新闻活动和广告竞选活动中投入无限量的资金。

就如数量有限的个人被授予了决定大企业及其分公司和附属公司政策的权力，法律安排使得自然人获得更多法人享有的权利；这个由美国最高法院做出的决定，至少在这个国家，经济力量不仅使得一小部分人成为“世界的主人”，同时也使得这部分人拥有政治权力，促使民主普选制被扭曲成为纳税选举制，这里实际权力只是纯粹且简单地体现了一个公民的财富水平。

社会的倒退是由棘轮推动且不可逆转的

2014 年 9 月 30 日，两名众议员向法国国民议会呈交了一份反对关闭费瑟南核电站的报告，但其安全性似乎使其有必要被关闭。

原因何在？如果采取这样的行动，就要向法国电力集团（EDF）和其他小股东支付40亿欧元的补偿金。似乎在法律上已经建立了这样一种责任制度，即对于公共行动“受害者”的补偿，会被作为财务上的考虑，进而阻止谨慎建议的提出。

高昂的补偿可以阻止在现有情况下有意义的措施被采纳，这与“棘轮效应”如出一辙，我们的经济制度是贪吃的。这种制度就像是钟表的擒纵装置，用来禁止一切后退：**事实上**别无选择。

为贯彻落实棘轮效应，还存在其他的经济惩罚措施。同时，通过建立一些微妙的投票规则，欧盟机构要求全票一致才能通过一项进步措施，而一项反动措施却只需要满足多数票。私有化或福利国家的解体很容易一步步发生，而重新国有化或者其他一些社会性的措施则被棘轮效应阻止。其解释为，反动措施是“自然的事情”，它被认为是纯技术性的，而进步措施在商界的表现是“反自然的”，它只能够在所有人都同意的情况下被采纳——值得我们高兴的是，进步措施还是有可能被采纳的。凯恩斯就此指出：

> 从公共利益角度出发向伦敦金融城建议一项社会活动就像是60年前［19世纪70年代］与一位主教讨论**物种起源**一样。本能的反应不是出于智力上的，而是道德上的。一种正统观念受到质疑，其理由越是有说服力，其罪行就越严重。（Keynes,

［1926］1931：287）

棘轮效应违背了民主制度运作的原则，后者是以已实行的决策的可逆性为前提的。特别是在例如核电站或者更普遍地说与环境有关的情况下，安全问题应该优先考虑。

资产阶级与公民的要求相互冲突

我在前面说过："当你与经济决策机构的经济学家当场讨论的时候，你会发现——意外地，或者沮丧地——他们在处理问题时明显地缺乏对认识论的反思。"这类讨论的第二个特点是：所谓的"公民社会"应被打上引号。这就是问题的所在，讨论者都是一个国家的成员，这样的讨论应该包含主导社会中人际关系的具体框架：比如亚里士多德定义的**友爱**，即我们以个人的名义每天在每个维度都能使社会机器得以运转的良好意愿。

在这些讨论中，角色的缺失是常见的。仅仅捍卫了每个压力团体中的个人利益，而忽视了维护公共利益的必要性。当公共利益得到维护时，是以压力团体的形式体现的——由吉伦斯（Gilens）和佩奇（Page）暗示的形式——压力团体应该是代表公众利益的，但它并没有体现公众利益，而只是简单地以各种元素组成一个乌合之众的整体。这就是为什么当这些经济决策机构中的一员要掌握工会和消费者组织的命脉时，组织这场讨论的意愿就会被表达如下：“无论如何，我们还是会要求工会与我们会面”，“我们仍然会质疑消费者组织”，等等。

这就引出了黑格尔的理论中资产阶级与公民之间的区别。有时，资产阶级和公民的要求是有冲突的；并且在公民社会中，这些相互矛盾的要求是显而易见的：公共利益有时是资产阶级的利益，有时是公民的利益。亚历山大·科耶夫（Alexandre Kojève）提出，请大家注意公民和资产阶级要求的两个不同的历史渊源。产权是建立在战争分配的基础上的：“这是我的”，必要时会用生命来捍卫它的价值；“占有者”——尤其是“第一个占有者”——会拥有他所“占有”的东西，因为他愿意为此承担生命危险，而其他人则拒绝为了拥有这个被“占有”的东西而承担生命危险（Kojève，1981：535）。

卢梭写道：

> 第一个围起一块土地、无所顾忌地说“这是我的”的人，发现人们都愚蠢到相信他，他就是公民社会真正的创始人。如果没有那个拔起木桩、填起沟壑的人，向他的同胞们大声疾呼：“当心这个骗子的话；如果你们忘了果实是属于所有人的，地球是不属于任何人的，你们就输了”，犯罪、战争、谋杀、痛苦和恐惧就会更多地降临到人类头上。(Rousseau，［1755］1966：164)

资产阶级所享有的尊重，是通过他们的工作获得的。正是以工作的名义，人们要求实现平等的对待。因为他们清楚地知道，在财富方面，他们不会享有平等：财产制度，以继承制度作为补充，造成了财富的分配不均。

托克维尔（Tocqueville）指出，由于美国没有等级差别，区别都是自动建立在财富上的：

> 每个同胞都是完全独立和无差异的，我们只能通过支付酬劳来获得他们的参与；提高价格能使财富的作用被成倍地放大直到无穷。附着在旧事物上的威望已经消失，出生、地位、职业已经不能用来区分人了，或者只能略微区分；现在只存在金钱的战争，因为是金钱创造了他们之间的明显差异，金钱可能使一些人出类拔萃。这种源于财富的区别会随着其他所有不同点的减少和消失而增加。（Tocqueville，［1840］1864：371）

我们的社会既承认从劳动中获得的价值，也承认从斗争中获得的价值。根据科耶夫所述，经济在一定程度上独立于政治是不可避免的：

> 由于经济社会是建立在工作的基础之上的，不同于建立在斗争基础之上的国家（贵族），经济社会倾向于坚持它的自主权与国家的相对独立性。如果国家不否认经济社会的存在，往往会倾向于承认它的自主权。……但是，一旦任何国家都是基于

斗争，而经济社会则完全基于工作，国家和经济社会就不会是完全一致的：国家公民的状态和经济社会成员的状态，以及两者的功能，是不能完全契合的。这就是为什么相对于国家，经济社会有一定的自主权。(Kojève，1981：522，523)

如果公共利益被纳入经济决策机构的思考讨论中并被传达出去，那也只是为了体现资产阶级的形象；而公民所理解的公共利益则被忽略。

现在民主是被束缚的

民主确实是被束缚的，即使是单单面对金融，至少——毫无疑问——是面对金钱的力量。如果这一趋势再次恶化，我们应当把毫不延迟地扭转这一趋势提上重要的议事日程。要知道“敛财机器”是通过销售利润或者贷款利息来维持的，在自身动力的驱动下，在不需要任何外来干预的情况下，毫不拖延地向前推进。

捍卫民主是本质要求，而不是附属品：历史已经向我们表明——特别是罗马帝国的衰落——在类似的情况下，漠不关心，甚至是缺乏足够的反应都可能会导致悲剧。如果继续沉浸在权力中，而不恢复以前的民主，我们的物种就没有生存下去的可能。

第三章　我们这个物种是什么呢?

被发到的牌是平庸的、扭曲的、对我们不利的

虽然我们能够预想到二三十年后的重大危险，但是我们却无动于衷，特别是人类这一物种没有为应对一个如此残酷的甚至大到可能带来灭绝的威胁做好准备。我们之所以能生存到现在，并不是因为我们的素质有多高，而是因为我们的星球是一个聚宝盆，满溢着令人难以置信的财富，准备好了原谅我们所有的错误，并且默许我们的过度掠夺。尽管地球几乎是无限慷慨的，但我们仍然超越了它的极限。

我们不能抱怨我们没有接到过警告：对我们误入歧途的警告不计其数，但我们从来没有从历史中吸取教训。君主从来就不是一个哲学家，也没有向哲学家寻求建议——当君主做决定的时候，他会忽略哲学家们的建议。当然，除了那些可以被贿赂收买的哲学家。

毫无疑问，我们会担心过去经历过的灾害将会重演，并采取相应的预防措施，但结合以下三个因素，我们将证明我们对抵御未来灾害的无能：我们完全缺乏想象的能力，我们表现得过分乐观（我们称之为“希望”）。最重要的是，我们只从纯粹的商业角度来思考和采纳解决问题的方案。从濒临灭绝中拯救我们的物种只需要满足一个条件，那就是：“如果这能带来回报。”

山脊非常狭窄，两侧就是万丈深渊：一边，是竞争给我们带来的疯狂；另一边，是我们可能跌入的深渊。当灯光一盏接一盏无情地熄灭时，就需要很多的运气才能够保持船只在报废退役前不遭遇海难。最幸运的这些无辜者把他们拥有的不可思议的幸运归结为令人难以置信的天赋。

这个世界，包括我们自己，都是在不断变化的。我们每时每刻都在经历一个无止境的过程。

最初我们周围的物理世界是以黑格尔所设想的方式运行的——粒子——有一些粒子彼此之间没有联系，它们独自移动着，一个粒子从另一个粒子身旁经过，相互之间完全漠不关心，或者有一些粒子之间发生碰撞，最终导致彼此崩溃。

我们所谓的化学，是这些粒子可能相互吸引或排斥的结果。如果它们相互吸引，就会形成越来越复杂的结构，并在此基础上通过化学变化产生了有生命的生物。在达到某种形式的复杂程度时，在生物学中出现了能预测未来的自主生物：个体会预先安排各自的动作，并与其他个体之间保持或近或远的距离。

生物的生命是有目的的：它们会尽量生存足够长的时间以进行繁殖。因为地球上的单个生物——除了那些非常原始的物种，例如细菌——是不会永生的。

一种令人困惑的愚蠢策略主宰了人类的命运：由于无法保证永生，我们必须毫无节制地繁殖，或者至少尝试这样做。骰子中被灌入了重物，因为我们的衰老是被编辑好的。我们已经降生，接下来就由我们应对发给我们的这一手对我们不利的、平庸并且如此扭曲的牌！

我们周围所有行星都是光秃秃的石头，永远在极冷与极热之间交替。极度罕见的环境竞争是生命出现所必备的。生命一旦出现，它就再也不会克制：没有什么能够阻止生命，它不会因为汹涌的火山遮蔽了天空而被阻止，也不会因为巨大的陨石烧毁了几十年来所有的植被而被阻止。一旦种子还在，生命就随时准备着继续它的旅途，隐藏于任何岩石之缝隙，依偎于海洋深渊之穹底，随时准备重新出发，即使当它在地球的另一端又被打败之后。

而我们就是这个大漩涡的一部分！“我们”，也就是附着在身体上的意识。“我们”，一个小小的声音从身体内部传出来，说：“是我！”当身体的生存直接受到威胁时，声音也变得混浊了，不管这种痛苦能否产生丝毫的变化。

于是，身体要求进行繁殖，这也是身体唯一真正配备的事情、身体唯一可以正确做到的事情：生孩子（“真的为了什么”或者“什么都不为”），并保证满足一些最起码的条件（每隔几个小时吃饭、喝水，每隔几秒钟吸进氧气，定期清除迅速积累的废物，适当保暖，等等）。我们的身体被精心设计从而使得我们能够繁殖，而且这种设计非常合理从而使得我们能够保持这种繁殖所需要的条件。但是，正如我们都是瞬息即逝的，每个人的生命都只有一次，为未来着想不是我们的强项：让人难过的是我们在这方面缺乏天赋。所以惩罚即将到来！

繁殖：娱乐消遣的一个永恒源头

被我们要尽快繁殖这个潜意识困扰是组成我们娱乐消遣的一个永恒的源头，使我们不断地脱离事物的正常运行轨迹：即我们的个体生存在一个相对舒适的环境中。然后，我们花费了大量时间，试图重回正轨。

你们看过斯坦利·库布里克（Stanley Kubrick）执导的电影《大开眼戒》（1999）吗？这部电影是根据亚瑟·施尼茨勒（Arthur Schnitzler）的小说《梦幻故事》（1926）改编的。如果你看过电影或者读过这本书，你们就知道这个故事。即便你们不知道这个故事也没有什么关系：这个故事能够被以一千种方式讲述。下面就是其中之一。

故事讲的是一对年轻夫妇艾伯丁和弗多林，他们有一个女儿。每个人都觉得要通过自己的深思熟虑来决定自己的生活。但其实这都是空话，因为我们看到的是他们抓住每一次放纵的机会。夫妻二人一起去参加舞会，每个人都消失了一小会儿去与他人约会。如果弗多林没有参与其中，那肯定是因为他被打断了：两个温柔的女人带弗多林来到一个陌生的地方，他发现有人在向他紧急求助。在接下来的一幕中，我们看到弗多林身边有一个昏倒的女人。后来，弗多林去了他的一个病人家里，病人的父亲刚刚去世：这是一场疯狂的激情，即使她的未婚夫正在赶来的路上。弗多林离开了……

在小说开头，艾伯丁问弗多林他是否记得，一年夏天，有一个年轻的男人像他们一样住在丹麦海岸的一家酒店。弗多林没有以简单的“是”或者“否”来回应他的妻子，而是问道：“你和他发生了什么?”对他来说，人性显然并不神秘。

艾伯丁向他解释道：

> 那天早上我看到他拿着他的黄色旅行箱匆匆忙忙地上楼梯。他快速打量着我，但上了几节台阶后，他又停了下来，看向我，我们的目光就再也没有离开过彼此了。他没有笑容，没有，甚

> 至在我看来，他的脸色沉了下来。可能我也是一样的，因为我好像从来没有如此的激动过。我在沙滩上待了一整天，迷失在梦中。如果他叫我——至少我相信——我是无法抗拒的。我想我已经做好了一切准备：放弃你、孩子、我的未来，我想我都已经几乎下了决心，但同时——你懂吗？——我又感觉到，你是如此宝贵。(Schnitzler，［1925－1926］1991：60－61)

弗多林明白了吗？无论如何，读者非常理解这一点。我们对这本书的阅读虽然才刚刚开始，但已知道它是不会让我们失望的，我们是不会停止对这本书的阅读的。不，它绝不会让我们大跌眼镜：对于我们来说，我们自己的生活与艾伯丁和弗多林是没有多大区别的。吸引我们的，使得**《梦幻故事》**这本书不会平淡无奇的是，尽管我们的主人公随时随地都会产生欲望，但生活仍然在继续。

当我们有能力说话时，无论是对别人还是对我们自己，我们把满足欲望的时间花费在讲述故事上，尝试从我们观察到的事件中提取出生活的真谛。

我们声称，在现实中，我们有一些**意图**，我们还有一种**意志**，**意志**能够帮助我们实现**意图**。其他人清楚地知道，事情并不是这样的，但他们还是有礼貌地倾听我们的诉说，因为他们希望有一天我们也能够同样地倾听他们的讲述。如果我们大家都不愿意接受别人的意见，为什么我们要说这些谎话呢？因为这能平息我们内心的骚动，以使得在外面的世界，我们继续冷静沉着地前行。

物种的“早产”使事情变得异常复杂

人类是**早产**的，证据是人类出生时发育还是不完善的，比其他大多数哺乳动物更多地依赖成年人（除了对母乳的依赖），比如那些哺乳动物的新生儿都可以自己站起来，并且在接下来的几天内基本可以独立行走。而我们的物种需要近两年的时间来达到相同程度。生物学家洛德韦克·波尔克（Lodewijk Bolk）对此给出了解释：我们婴儿的头非常大，将脑袋诞出母体是一个不可逾越的问题。因此，人类的新生儿是在成为一个真正的小孩前被过早产出的胎儿。婴儿需要数年的悉心照料。此外，在这个需要被精心照料的时期内，两个成人对婴儿的关注并不过分，即使他们中的一个并不提供奶水，但在此期间这个人会去猎杀猛犸象（找吃的）。所以说，在这个小不点还不能自理的情况下，父亲最好是母亲忠实的伴侣。

但是，我们可以很容易地想象到以下两方面之间所发生的冲突：一方面，是性欲，无论你想从哪里获得满足；另一方面，是由于婴儿的过早出世而需要的保护。

您可能看过了在2014年出品的一部电影，它讲述了一个瑞典家庭在阿尔卑斯山的冬季运动。这部电影的导演是鲁本·奥斯特伦德

(Ruben Östlund)，他将这部电影命名为 *Turist*（**《游客》**），但奇怪的是，英语国家都想给这部电影起一个法语名字，*Force majeure*（**《不可抗力》**），而母语是法语的国家都给它起了一个英文名，*Snow Therapy*（**《雪疗法》**）。我以前没有看到过这种现象，每种文化都试图把自己和电影之间拉开一定的距离，这是为什么呢？

在滑雪胜地的咖啡厅的室外露台，一家人（父母和他们的两个孩子）和许多其他度假者一起吃着点心。突然，人们的目光转向山坡上正在发生的雪崩，这占据了场景的主导地位。雪崩马上要接近露台。孩子们大声尖叫。母亲蹲下来用身体保护她的两个孩子。父亲，那个用智能手机记录下这一幕的人，快速地逃离。一切都被大雾淹没，之后逐渐消散。幸运的是，所有人都毫发无损。

在随后的日子里，妻子两次在她丈夫、一些熟人和几个朋友面前，痛苦地讲述曾经发生的事。丈夫断然否认自己逃跑。一开始假装自责，但他在几天后终于崩溃了。随后，在一个山坡上，丈夫从一个戏剧性的局面中拯救了家人，来进行自我救赎。妻子认为这次营救是一场精心策划的行动，是演给孩子们看的，目的是让孩子们相信雪崩事件后父母间的冲突、离婚的威胁等折磨他们幼小心灵的事儿已经消失，所有的一切都恢复了正常。

那么，这位父亲为什么会这么做呢？他是为了保留以后再生孩子的能力。尽管直截了当地表达是如此的困难，但这就是它的意义所在。

如果我们能想象，作为男性，这个男人的委屈对我们来说是陌生的，而在这部电影中，导演希望把这种从悲惨事件中逃跑的行为放大 n 倍表现出来。这对夫妻的一对朋友中的男性试图对这位父亲的行为进行解释，声称这位父亲逃跑是因为如果发生最坏的情况，想保留为他的家人裹上裹尸布这个机会。而他的女朋友不喜欢这种胡言乱语，并反驳说，他也会做出同样的事，因为男人的品性就是这样的。她补充说："顺便说一下，在我 20 岁的时候，你在做什么？你的前妻现在住在奥斯陆吧？"晚些时候，这位女朋友又贴心地让她的男友忘掉这一切。

这种紧张，由于物种生存的要求有时可能引发冲突，导致那些自导自演的矛盾，并引发了一种极不舒服的不和谐。如果我们发现自己在无意中成为电影中的角色，在面对雪崩的威胁时，计划留下我们的妻子和孩子，我们遵循本性行事，无论该行为是否和我们想象的形象相矛盾。我们唯一能说的话就像是伊万·洛克（Ivan Locke）［斯蒂文·奈特（Steven Knight）编导的同名电影《洛克》（2014）中的英雄］说过的："我做事时就像不是我自己，但现在我必须做那些事……"就像中了邪一样，洛克暂时丧失了真实的自我。

意志和意图都是虚幻的

生物学家弗朗索瓦·雅各布（François Jacob）描绘了一幅关于我们大脑的奇妙画面：人脑的设计，就像是一辆安装了喷气式发动机的独轮车。通过这幅引人注目的画面，人们注意到一个事实，就是人脑不是由一个单一部件组成的机器。中心是爬行动物大脑，之所以这么命名，是因为爬行动物的大脑已经拥有了相同的结构。哺乳动物大脑的组成就像是在此基础上增加一层额外的、绝对独立的皮层：相对于爬行动物的大脑，皮层是具有不同性质的。这就是应激反应，就如心理学家所说的反射、情感。

皮层是专门负责推理、理性思考、链接论据、数学计算的，它是嫁接在爬行动物大脑（爬行动物大脑是一种纯粹的本能）之上的，我们的大脑皮层能够使得我们对所看到的事物做出兴奋或者恐惧的反应。在这一领域最好的例子，一定是那些**股票交易者**。我的读者，当那些股票交易者赚了很多钱时，我们经常看到他们出没于最美丽街区的酒吧餐厅，大口地抽烟喝酒；而当他们损失大笔资金时，这种情景就要少得多：他们待在家中，试图入睡，吞下大把药片来结束一切。

我们大脑的另一个特征是，我们拥有的对我们正在做的事情的意识，并不是出自我们做出决定的那个部位。当心理学家在 20 世纪 60 年代研究意志这个问题的时候，他们惊人地发现，大脑对一个指令表达意志的电波，出现在这个指令已经被执行**之后**，也就是说，在这个过程中，我们只是自以为意志决定了行动。意识层面上的意志表象，即我们将采取行动，也就是所谓的“意图”，在中枢神经系统做出行动的决定后，实际上只需要半秒到……十秒的时间来达成，而神经系统只需要十分之一秒就可以使动作通过身体得到实现；神经才是真正的指令行动开关。用一种生动的说法来表达：在战斗结束后很久，意识才赶到。

发现这一现象的是美国心理学家本杰明·利贝特（Benjamin Libet）。当所有实验事实都已经清晰地呈现在他眼前时，他给出的第一个假说是，想象在大脑中存在一种机制，可以使信息逆着时间回溯，或者说，意志就像是一种**场效应**，但这种场不能“被任何一个客观的、有形的测量仪器”检测到（1997：137）。他的第一个解释并不是说“意志”是一个虚幻过程的代名词、一个对我们正确运转机理的曲解，而是坚持说意志很好地决定着那些我们要去实现的事情——正如我们可以本能地想象出来，因为语言文字在我们使用之前就已经向我们表达了坚定的意思。唯一可能的解释是，意志随时间回溯去决定那些我们主张的并要去安排的行动；这是能把观察到的异象说得通的唯一方法。（他曾经计算过，差距是半秒钟；随后的研究表明，最多可以持续10秒钟。）

一开始，在我们让潜意识参与决策机制之前，意识应该决定我们的一切行为（除了反射动作以外）。弗洛伊德随后将意识与潜意识进行了对比，即两种引起我们行为机制的类型：意识做出某些决定，潜意识做出其他决定或者扭曲意识的决定。但是，随着利贝特的发现，从决策的角度看，只有一种确定的行为类型——所有行为都是由潜意识决定的，唯一的区别是有一些行为是从“意识之眼”中显现的（对于要做的行为有一个延迟），其他则没有。

在一篇文章中，我首次提出一个完整的意识理论，考虑到利贝特的发现，我这样写道：“意识是一条死胡同，在那里，信息到达是毋庸置疑的，但不存在类似决策的反馈效应。只有在情感层面上，显示的信息在意识之眼中产生了一种追溯式的反馈，但这种反馈是‘不由自主’的性质、是自动的反馈”（Jorion，1999：179）。

意识被剥夺了我们通常赋予它的决策权，所以，我们必须重新审视那些我们一般会混为一谈的表达，如“打算”“想要”“对……集中精力”等。

为了突出新的表达方式的含义，我建议用“想象”来代替“意识”一词，用“身体”来替换“潜意识”一词，这样可以得出结论——我们所有的决定，实际上都是由我们的身体做出的，但其中一些（那些我们习惯归于我们“意志”的）出现在了我们的想象中："在现实中，决策的抓手，**意志**，被委托给了**身体**，而不是被委托给了**想象**"（Jorion，1999：185）。

利贝特的发现和我们做决策的新的表现形式对我们有重要的影响，尤其是当我们试图定义一种生活方式，使得我们最终能和我们的星球和睦相处时。

意识使我们能够建立一个自适应的记忆

我们总是像在做梦一样。那里的一切我们都是不知情的，我们说，"哦，我明白了！"这让我们放心，并不是所有的事情都逃过了我们的眼睛。我们从那些别人做的事和我们自己做的事中观察收益或损失。我们意识的介入就像是马后炮，只是去发现结果，就像是在战斗后的晚上，遍地是尸体，这时应该做些什么呢：我们整合一个新的信息，我们无疑学习到了，但是我们不能利用从事情中学到的教训，或者更确切地说，在下一次事情发生前，"我们的身体不能利用所学到的"。

现在就剩下理解为什么"意识之眼"出现在生物进化过程中了。与利贝特的观察结果完全一致，解释是一个必要的机制，通过将它们在我们体内引起的影响与我们的感知联系起来，我们能够建立一个自适应的记忆，尽管来自我们不同感知器官（我们的"传感器"）

的感觉在稍微偏移的时间到达大脑：眼睛更接近大脑而不是我们的手指（Jorion，1999：183－185）。意识是在建立自适应记忆时保证必要同步的“窗口”。

意识的角色是使得记忆在三个维度正常运转。首先，所有围绕一个事件的感觉都被记录在记忆中，包括那些来自外部的感觉（包括那些口头或书面的语言信息），以及那些来自内部的情感（包括内心中的对话）。其次是记忆，也就是运用目前的事件触发那些被储存在记忆中的类似事件的能力，这些事件在感觉（包括词语的使用）情感上都是相似的。最后，就算有动态干扰也能记忆的能力，也就是我们所说的“想象将会发生的事情”。

在这种情况下，意识之眼的唯一目的是生存。它可以存储遇到潜在的、有利的或者危险的情况时最恰当的反应。这次冒险是从出生开始，以死亡结束。这个整体的时间序列在我们看来就像是一个戏剧性的传奇故事，相当扣人心弦，然而这仅仅是一种意志重建的骗局对现实交代的产物。我们在真切地体验这些场景，从这个意义上说，我们并不是被动的；但是作为人类，我们在同一时间的自由度为零：没有打其他牌的可能性。

意识是一个对个体正在从事的行为和思想进行认可的部门。存在一个动态情感，使我们对自己发现的情况做出反应——这些情况是由我们与外面世界的互动组成的，但同样也包括我们自己的语言。

在这里，我的解释回应了尼采（Nietzsche）的视角，在他看来，主体“作为”远远超出了其“不作为”。尼采没有以如此明确的形式说出来。他所秉持的，现在看来，我们可以将之形容为“绝望”，而真实情况并没有那么糟糕：对于人类现实而言，这应该只是简单的“失望”；因为作为一位哲学家，他是遵循怀疑论者的传统的。

我们有应对突发灾难的能力，通过重新刺激大脑中储存的以前类似事件的动态情感点，从而触发适当的反应。相反，我们没有准备好去应对新型灾难：仅凭想象，并不能激活大脑中的任何记忆，因为没有相应的记录。因此，没有任何情感与“在这种新型灾难中我们应该如何表现”相关；我们说，我们对此“以一种纯粹抽象的方式”想象——在这种情况下，是一种强调没有相关情感的方式。不幸的是，想象一场新型灾难并没有使我们害怕。

自我想象的发明

人类对自己的能力有错误的认识。那些在语言中使人联想起自发范畴的词语，通过其易于理解的存在，反映了这个关于自我的谬论。特别是，所有人都认为自己的**意志**能够成为影响世界的手段；这种主观意志的根基，被称为“**自我**”。

由于人们采取行动和意识来对现实进行关注，一些变化的确干预了现实，也就是世界本身。**自我**是人类假定存在的，是世界变化的根源和原点，变化是通过**意志**这个工具进行操作的。

关于**自我**，1929 年，弗洛伊德在**《文明及其不满》**一书中写道："最初**自我**包含一切，后来它排除了它以外的世界"（Freud，[1929] 1970：12）。他解释道：

> 病理学使得我们知道一个多样的状态，**自我**与外部世界的界限变得不再确定，这在现实中画下了一条不准确的线：在某些情况下，作为我们精神生活一部分的知觉、思想、感觉，出现了陌生感，似乎不再是**自我**的一部分；在其他情况下，我们对外界展现那些看起来源于**自我**而被外界所认知的样子。所以**自我**的感觉本身也会发生变化，其范围不是一成不变的。（Freud，[1929] 1970：11）

雅克·拉康（Jacques Lacan）从亨利·瓦隆（Henri Wallon）那里继承了"镜像阶段"的概念，心理学家将其解释为一个发展步骤：就像是在孩童时代从镜子中认识自己的身体一样。拉康认为，在**自我**形成时期，表现出**镜像阶段**，在这一阶段，自我并不像是融入已知的现实，而是处于一个假想的模式。一个影像（身体的影像）提供了一个可辨的极限、一个可察觉的形状或者一个**格式塔**（一种心理学术语）——在一个物种的内部，意识主体知道他自己存在于此，他将在那里定位自我。

这不过是意志的幻影，因为意识仅仅记录无意识层面上做出的决定，并伴以半秒到十秒钟的延迟，或者无疑更正确的说法是“身体做出的决定”。意识感情用事地做出反应——通过满意、羞耻等等——就好像事实被改变的方式，而实际上，意识是自我通过其意志工具而被干预着。这个反应、这个新的感情已被再次注入整体情绪之中，是动态情感在某一时刻的结果。它创造了一个不间断的运动，一部分由外部世界供给，一部分由他人观察到的、自己行为的情绪反应提供。

现实中有什么证据表明存在一个物质基础无限的自我吗？这是一个无聊的问题，因为意志被器官假设为自我，而意志本身就是虚幻的。答案是否定的：在一个人所经历的内在与外在之间，自我和非我之间并没有明确的界限。这就是为什么不同文化、不同阶级或者种姓等级在这些文化内部建立了这条很大程度上任意的边界：自我在延长，有蔓延到远处的倾向。当我们从个人转向直系亲属、宗族直到国家时，这个倾向只会逐渐减弱。与历史进程的衡量相反，现代化不断前进，而自我则在收缩。

自我越包容，主体越暴露，它就越脆弱，因为随着衡量范围的扩大，其内部的一些偶然性事件可能会置自我于危险境地，关乎自我的存在，而连带责任的网络会将自我保护得更好，在这样的网络中，有可能实现互利互惠的延展。“双赢”是每一种文化都要做出的正确选择：相互包容的面积大大超过了应与之相适应的互惠安全网的扩张面积，使得脆弱性增加。

“自我是偏执的”

当我们意识到这个世界时，我们面临的问题是：“如何使这一切有意义?”诡辩的工具是，我们的意识之眼与我们观察到的一切相比是过分武装了。它的目的是预测，这样我们就可以在这个可能存在敌意的世界里保护自己，生存足够长的时间并进行繁殖。通过对此时状态的记录在身体中产生一种情感。但是，众所周知，如此多的元素之间的显著关系只存在于我们周边世界相当有限的范围内。或者说，如果一种情绪被唤醒，意识就会记录下发生的一切，这是有意义的，纯粹个人的陌生模糊的回忆在需要时会立刻被回忆起来[普鲁斯特（Proust）在《追忆似水年华》中所写的玛德琳蛋糕就是一个例子]。人类的趋势和诱惑是解读出一切事物的绝对意义，远远超过真正有意义的东西。拉康认为，“**自我**是偏执的”。

我们过度诠释的倾向，促使我们进行解释性的叙述——对于最广泛意义上的神话，在我们的讲述中，不可避免地产生了不一致的内容，其矛盾之处对于叙述者或者对于读者来说一样多——我们试图阐明这个不正常的现象。这就是马克斯·缪勒（Max Müller）效应——一位德国文献学家，长期担任牛津大学教授——而我则在《真理和现实是如何被发现的》一书中说明（Jorion，2009：125－126），它在科学史上无处不在：我们对于异常事物的敏感——从我们生存的视角来看是一件绝好的事情——导致了过度诠释，不幸的是也导致了我们进行过多的理论证明，而这稍后即被证明都是不切实际的。重要的理论证明（包含真实的信息）在现实中是相当罕见的。

物质在我们面前的力量

吕西安·列维-布留尔（Lucien Lévy-Bruhl）是一位被人类学家所批评、投入大量精力写作关于“原始思维”的书籍的哲学家。这些人类学家指责的一个概念，是因为他暗示了人群思考方式“落后”的事实——迂腐的社会成员是附属于这个物质世界的。列维-布留尔的附属概念再次引发我的兴趣，这个概念并不是那么愚蠢，激发了我对于自我的思考：重新定义附属，就像是为了唤起那个在别人眼中的自我的形象——超越在镜子中观察到的形象——那个我所认同的形象。

我曾经在**《垂死的资本主义》**（2011）一书中写道：

> ……在“原始思维”的框架内，人是由各种元素组成的，

在那里人的存在是可以被感知的……包括他的影子、照片、录音等，他指甲的碎屑、头发、衣服、脚印，甚至在中国的传统思想中也包括汉字代表的书面语言，等等。所有这些因素都会使他人想起他的存在；列维-布留尔把这些称为人的“归属感”。

但是这个对人的定义，普遍地适用于所有人，同时也包括提到的那个人。以同样的方式，所有能让他人想起我存在的东西都可以看作是我：**事物的整体为他人唤起了我的存在**……(Jorion，2011：293-295)

在传统社会中，自我的领域由无数分支贯穿，完全超出我们身体的形象，我们自我的感知更多集中在镜子中的形象上。自我超越自己身体的领域是与列维-布留尔的**归属感**相对应的。

然而，在我们当代社会不断增长的私有财产以相当多的方式扩展了我们归属感的范围——成倍地增加了他人或物体本身控制我们的方式。多年来，我一直拥有一条非常古老的华达呢围巾，我不小心把它遗失在我座位的行李架上。之后，我又重新买了一条新的，这迫使我很仔细地保管它。

我们越是富有，物质对我们的控制就越大。让我们记住阿巴贡(Harpagon)：

捉贼！捉贼！捉凶手！捉杀人犯！王法，有眼的上天，我完啦，叫人暗害啦，叫人抹了脖子啦，叫人把钱偷了去啦。

> 这会是谁？他去了什么地方？他在什么进方？他躲在什么地方？我怎么样才能找得着他？往什么地方跑？不往什么地方跑？他不在那边？他不在这边？这是谁？站住。还我钱，混账东西……（他抓住自己的胳膊）啊！是我自己。我神志不清啦，我不晓得我在什么地方，我是谁，我在干什么。哎呀！我可怜的钱，我可怜的钱，我的好朋友！人家把你活生生从我这边抢走啦；你既然被抢走了，我也就没有了依靠，没有了安慰，没有了欢乐。我是什么都完啦，我活在世上也没有意思啦。没有你，我就活不下去。全完啦，我再也无能为力啦，我在咽气，我死啦，我叫人埋啦。难道没有一个人愿意把我救活过来，把我的宝贝钱还我，要不然也告诉我，是谁把它拿走的？［莫里哀(Molière)，**《悭吝人》**］

守财奴阿巴贡的困扰是如此之大，他触及了**自我**的核心："他抓住自己的胳膊。"动态情感在这时会进行干扰并导致**自我**消失，"我神志不清啦，我不晓得我在什么地方，我是谁，我在干什么"，莫里哀以一种奇妙的直觉写下了这一作品。

规则在我们面前的力量

但是除了物质对我们的控制之外，还有一些强加给我们的——

明确的或者隐性的规则。

明确规则旨在规范我们的社会行为。执行法律规则的工具是警察、司法机构和监狱。隐性规则与艾米莉·迪尔凯姆（Émile Durkheim）的《内在社会》一书中的描述相符：我们眼中“不言而喻”的道德行为，是一种自动行为的结果——这个概念其实很接近亚里士多德学说中的**友爱**。亚里士多德指出，**友爱**一词是我们每天都能够证明的事情，我们中的每个人都自发地维护着社会秩序，为了润滑我们日常与他人之间的社会生活，为了使社会“运转”，也就是说，不需要警察时时刻刻出现。我们称之为“礼貌”。我们可以说，亚里士多德的友爱是人类本质的一部分。

个体生存与物种生存的潜在冲突需求

严格地说，生命没有“规划”：我们发现它倾向于延续自己，仅此而已。如果我们要提到某一特定物种的“项目”，我们要回到最基础的观察，物种的代表们正努力生存下去，生存足够长的时间，以繁殖下一代。每个人的命运，尤其是人类的命运，必须从属于他们物种的总体“规划”——永生——并且服从于它。每个人都在遭受双重压力：自我生存和繁殖。当然他能够承受住这两个压力。

我们被两个“问题”所引导，但这两个“问题”不是关于“有效原因”的——这两个“问题”会指向同一个“方向”，在“指挥方向”这个意义上，**自我**是起主导作用的（意识构成了驾驶舱的框架）——或者说更倾向于是“终极原因”：我们进入一个过程程序，在那里我们积极地追求个人生存，这是与保证物种连续性相关的。二者相结合产生了物理学家所说的“梯度”，要知道我们从出生到死亡的行为路线的轨迹就是一个妥协：对这两种约束阻力最小的直线距离；更年期的到来是一种为了缓解物种繁殖压力的妥协。弗洛伊德呈现了**生存本能**［“爱欲”（Eros）］和**死亡本能**［威廉·斯泰克尔（Wilhelm Stekel）称之为“塔纳托斯”（Thanatos）］之间冲突的一幕——在这一主题上，他是不会给出一个最终的结论的——正如我刚才所说，他似乎混淆了好几个不同的元素。

弗洛伊德的第一个混淆是他用“爱欲”这个词来表述两种有可能发生冲突的潜在本能：那些反映了个体生存所必需的要求和那些为了物种生存而对个体提出的要求，尤其是性欲的满足。个人命运，正如我刚才所指出的，是在这两个要求之间进行协商、（有时很难才能取得的）妥协的结果。

第二个混淆出现在**死亡本能**的定义之中。弗洛伊德提出**死亡本能**是侵略性之源，当这个本能要面对外部世界时，我更倾向于把它看成是解决偶尔出现于爱欲的两个维度之间的冲突的方式：个体生存的当务之急和物种的必要延续。**死亡本能**，在我看来，是解决我们这两个方面之间矛盾的方法：或者说，两种冲突在情感价值方面达到了无法容忍的程度时，欲望才会停止。

维尼（Vigny）在**《摩西》**中提到了死亡本能，他把下面这段词句放进犹太先知讲给神明的话中：

> 我看到了爱情的熄灭和友谊的干涸；处女都隐藏起来并惧怕死亡。我裹在黑色的圆柱中，在我的荣耀中，我伤心地，独自一人走在所有人前。我由衷地说：现在想要什么？为了睡在乳房上，我的额头太重了，我的手为触碰到的手留下恐惧，暴风雨在我的声音中，闪电在我的嘴中；到目前为止，他们离爱我还很远，他们都在颤抖，当我张开双臂，他们趴在我膝下。主啊！我强大而孤独，让我长眠吧！

“为了睡在乳房上，我的额头太重了”道出了个体生存的约束和繁殖之间的矛盾。

1972 年 10 月，拉康在鲁汶说道，死亡“支撑着您”。这是另一种对我所提出的**死亡本能**假设的例子：

> 死亡属于信仰的领域。当然，您有充分的理由相信，您是会死的；它支撑着您。如果您不相信，您还怎么能忍受您所拥有的生活呢？如果我们不能坚决地支持它将结束的确定性，您还能忍受这个故事吗？不过，这只是一种信仰的行为；糟糕透顶的是，您对此并不确定。

生存本能需要死亡本能的支持，为它无限延长个体生存的疯狂规划做辅助：那个作为“支持”的死亡本能，在“还没有看够”的那么长时间里给予人们足够勇气。当死亡本能出现时，伴随它的评论实际上是“我已经看够了”这句吸引注意力的话语，与生存本能相反，它是以**性本能**作为生命的动力的。当我向女作家安妮·勒布伦（Annie Le Brun）问询为什么我们希望我们的生命能永续存在，而我们只能面对死亡时，她的回答是：“出于好奇，看看现在会发生什么!”

在列车进站前，有人跳下站台；每个人都可以这么做：只需要往前走两步。但是这些不幸的人，被火车或者地铁广播称为“乘客事件”或者“人员事故”，他们的行为是由于突然的冲动还是有预谋的？这无法统计，唉，我们无从得知原因：应该在他们跳下站台之前问问他们。

同样，恐高症不是害怕会掉落悬崖——我们愿意相信这一点是为了让自己安心。相反，恐高症实际上是一种极强的跳下悬崖的诱惑力；在我们的身体中，生存本能与死亡本能的激战在瞬间发生。

我们身体内部发生的事情对我们的影响力

然而，我们不仅受到外部世界影响，还受到内部反应的动态影响。它突然闯入我们的意识之眼，反映了内心各种因素的平衡，它有时表示为喜悦，有时表示为不满，也就是我们感觉到的**兴奋**或者**焦虑**。

我的心情很糟糕，因为在潜意识里我的肚子疼。毕达哥拉斯学派禁止食用蚕豆，因为他们认为这是肠胃胀气的诱因，而胀气会影响判断力，保持判断的完整性至关重要。

弗洛伊德学说的**超我**首先让我们想起了我们父母的强势专断：超我不断提醒我们，我们受制于没头没尾的命令，但是我们必须对此适应顺从。

然而超我远不止于此，它是影响我们以目标为导向的行为的管理者和会计师。超我影响着我们被给予的任务的最终原因：一项被规划的任务，意味着它完成后的表现已经被投射到未来。

即时行为，其表达是自发的，可能是自然而然的，但是对于一项长期规划的特定阶段来说，情况就完全不同了：为了达到预期的结果，就必须钻营。

一项规划，就像是一个潜在的由重力作用的势阱，就如同一个物理上的“吸引子”，引导我们的行为走向它的深处，那个被看作是可实现目标的方向。只要该规划还没有完成，它就会在我们面前以**问题**的形式存在着，使我们感受到一个无法解脱的压力，除了实现任务别无他法。这对我们来说是一个动态情感方面的标志，是我们前进的动力。一个目前未实现的目标和它在未来某个点的投影之间存在的鸿沟会使我们感到不安和恼怒，直到目标达成，也就是到达势阱的底部，才能够放松：问题消失在任务完成的满足感中。

超我是我们**烦恼**的管理者和会计师。

从这个角度看，**意愿**是在“创造一种关注”，只有通过实现这个意愿才能消除这种关注。只要任务还没有完成，就会有一种担忧存在于背景中，就像动态情感所承受的压力一样，间歇性地出现在意识中。

这些内容第一次出现在我的文章中，是在1999年：

> 维特根斯坦（Wittgenstein）常常质疑意愿的本质。例如，他疑惑：“我打算明天离开。——你是什么时候产生这个意愿的？一直持续的，还是断断续续的？”（Wittgensten，1967：10）
>
> 问题的答案实际上是，这个意愿是“持续地存在于身体中和断断续续地存在于想象中的”。（Jorion，1999：189）

“负罪感”，一个需要弥补错误的感觉，是超我的一个缺点，所以关系到实现任务的麻烦问题的情感峰值被投射到未来，并且会随着任务的完成放松而崩塌。

负罪感引导我们——在这个过程中被侵蚀——走向目标，走向动态感情在我们记忆描绘的风景中的势阱，走向由亚里士多德提出的**最终的原因**。

外部世界为满足需求而强加的新目标，或者与欲望相关的情绪的内部世界所强加的新目标，唤醒了一种负罪感，它将指引我们实现这些目标，也就是放松我们的动态情感。

必须接受这个影响吗?

这一切重要吗?是的，它对我们意识之眼中出现的东西产生了影响。但我们应该接受它吗?

一篇大众心理学的文章告诉我们，如果我们要睡得安稳，我们就要保证房屋的所有门窗都是关闭好的。那么资产阶级需要检查多少门、窗和多少不同的警报系统呢?选择兰波式（Rimbaud）的自由不是更好吗?“我想离开，拳头撑破了我的口袋”，去追寻没有在镜子中显示的、除了身体形象外的**归属感**?

对于我们身体内部施加在我们身体上的影响依然顽强，只要我们的视觉、味觉和嗅觉不再讨好我们的肠胃，与影响的战争就将是一场注定失败的战争。

在真实的我们与别人认为的我们之间的重叠

我在这里捍卫的看待事物的方式，已经同时在叔本华、尼采等哲学家的笔下解释过了，也存在于一位和他们很接近的思想家的精神中：弗洛伊德。雅克·拉康重新解释了弗洛伊德的学说，尽管他也受到其他人的影响（黑格尔、海德格尔），但他同时深受叔本华、尼采的影响。

我描绘了一个人类主体运转的形象，吸引思想家的注意力偏离重心的问题是值得强调的。我们做出的行为与我们想象的能用“良心”做出决定的能力是没有联系的。对我来说，这可能是一种不必要的复杂方式，在很大程度上是潜意识在主导，意识本身只有“残余”的权力。因为意识的权力与即时记录的是不一样的——由于信息发生时，被我们的五官传递到脑中集成为一个图像存在时间上的不同，总体时间是由传递最慢的信息确定的，但也是在那个时刻我们感觉到发生了什么，我们是参与者。如果有什么不和谐的事情发生——而意识也只能进行观察，我们认为：作为**主体**，关联到我们记忆的动态情感将重新启动，而为了对未来的相似情况进行预测，为了给出一个最合适的答案，发生在此时此刻的学习是有益的。

一次新的**输入**，由意识中所显示的东西提供，启动了动态情感，即使没有不和谐，即使我们的行为是会使意识满意的，即使意识上没有感觉到任何不适，这些动作在被意识到之前已经完成了。在这一点上，动态情感开始了，但只是为了加强效果：满足、快乐和平静。我们应该记住，当相同的情况在未来出现时，我们必须采取与这次相同的行动。

情感会做出反应：要么支持它所观察到的正在发生的事情，要么对结果感到失望。我们有可能会对我们的所作所为感到羞耻，因为意识是在战斗之后进行观察的。这里有一个例子：我在法国电视3台的演播室录制《就在今晚》这个节目，迪克·里弗斯（Dick Rivers）被邀请参加节目最后的音乐部分。我对他说："您在黑袜子乐队唱歌的那个时代真是个伟大的时代！"他回答我："实际上，我们乐队的名字是野猫乐队。"犯了这样的错误，我是如此羞愧！这是一个出色的不和谐的例子，我的意识因接下来这半秒中我的口误而感到非常尴尬，我保证这是真的。

当然，我们有很多方法来很好地解决这些生活中的不和谐：真正的奇迹是我们在事后解释自己的行为。就像大多数人一样，我有时候会在地铁或公共汽车上听到这样的谈话，一位女士正在解释她的一个朋友是情妇这件事："她告诉我这件事，你是了解我的，我并不同意她的做法，你要是能看到她当时的脸色……"我们非常擅长在一件事之后，整合所有的元素进而进行描述。当我们意识到我们的行为引起了伤害，而且试图"接受事实"时，精神分析中的几个概念都指向我们不同形态的"战后补救"，即精神分析上所说的**附属阐述**、**合理化**、**否认**、**抵赖**，等等。

有些人高兴：那些人的意识观察到了他们做出的行为给他们带

来了愉悦。他们的行为与意识之间没有不和谐，不存在矛盾：他们对他们自己的行为感到满意。与之相反，如果你观察到的总与你的行为存在一些差距，你就会很伤心。有一天我在一个电视节目中演讲，之后另一位嘉宾过来问我："您是不是和我一样，会在录制结束后重新看一遍节目？您会观察您自己的表现吗？"我的回答是肯定的。他跟我说："您也是这样吗？我总是认为，我没有说出我应该说的，因为我在当时或者在看回放时总觉得'这不是我应该说的'。"

就像这位先生一样，意识观察到的总是与我们的行为有差距。有可能你的意识不断地告诉你："这不是你应该做的！"我们必须在这里定义该方式：一个人是如何看待他所说的或者所做的事情？如果人们完全满意于自己的所作所为，就不会有什么问题吗？我们可以想象比如歹徒、刺客、杀手，他们对他们所做的事非常满意。要理解"责任"一词的含义，一个人如何看待自己的行为和话语这一问题是至关重要的。

什么是道德？

整合和谐社会中个体的各异性存在两个问题。第一个问题是刚刚提到的：我们能否证明我们是在一秒钟后才观察到我们自己做了什么或者说了什么呢，我们会感到极大的满足，还是会不断地对自己感到不满，甚至觉得自己是一个怪物呢？是否我们每次做出一个动作，都会对自己说："该死，为什么我会这样做？"第二个问题是：我们周围的社会如何看待我们的行为？

在我执教的布鲁塞尔自由大学的一门被称为"伦理学"的课上，我从涂尔干学说的角度来看待第二个问题，它与我接受的社会学教育直接相关。什么样的行为是社会应该鼓励的，什么样的行为又是社会所不能容忍的呢？这里不是要说超自然权威的要求或者所谓的"人性"，而是要说更普通的人口密度水平。如果我们希望我们的社会是由很多不超过 15 人的小团队组成的，那么一些个人行为是可以容忍的，而如果我们生活在一个像上海那样有近 2 500 万人口的大城市，这些个人行为就不能容忍了。事实上，问题并不比这更复杂。

在我的"金融管理"课堂上，我要克服的第一个障碍就是不要立即陷入去定义"道德"的概念这个泥潭。

在提到道德的定义时，迅速陷入相当困扰我的"罗尔斯式"问题的风险是相当大的，也就是说，它一开始就让我掉入考虑基本统计资料的陷阱，就像已经对这些问题进行了长时间深入研究的约翰·罗尔斯（John Rawls）所做的那样。

让我们用两个词来解释这个问题。如果任务是通过一个公平的道德体系来确保最大数量的人的幸福，那么我们是要用人口中的**中位数**、**众数**还是**平均数**来定义这个"最大数量"呢？

如果我们以**中位数**来定义最大数量，需要把个人按幸福程度排序，这种道德规范要使那个位于正中央的个人尽可能幸福。

如果我们以**众数**来定义最大数量，就必须把公民按照社会类别进行分类，这种道德规范要使人数最多的阶级的人是最幸福的。例如，由于人数最多的阶级是“中产阶级”，因此我们必须选择好道德准则以使得中产阶级成为尽可能幸福的，而忽视那些比他们贫穷和富裕的人。

如果我们以**平均数**来定义最大数量，即我们对个人的平均数感兴趣，我们需要制定一个道德准则以使得平均个体的幸福值最大。在这种情况下，问题在于我们要不要忽略在整体人口幸福统计中的离散度；而在整体人口中，代表所有人的平均意义上的个人，在最极端的情况下，将是一位先生或者女士，但是也很有可能是一个位于超级富豪与超级穷人这两个亚群之间虚构的数值。

因此，我追随人类学家理查德·李（Richard Lee）和埃尔文·德沃尔（Irven DeVore）在1968年的脚步，从一个完全务实的角度将道德定义为：“道德准则是由明确的（法律）和含蓄的（精神上的，如涂尔干所说的‘内心社会’）原则组成的整体，它可以使一个社会发展到具有一定的复杂性、一定的人口密度和一定规模的城市群。”

给出这样一个定义也就意味着，人群之间、人群的道德之间不存在冲突的风险，道德适用于人口中的狩猎人群、农业人群，也同样适用于社会中的游牧业、农业、工业，等等。

道德作为一个社会整体的准则，变得越来越复杂：想想金融在社会中所扮演的角色。自19世纪最后25年以来，金融宣布它对于道德拥有治外法权——而经济“科学”，如我们所共知的，竭尽全力来论证这一要求。金融借用亚当·斯密**《国富论》**（1776）中的“看不见的手”作为符号表达，但它真正希望论证的，是“私人贪婪，公共获益”这个论题，即贝尔纳德·孟德维尔（Bernard Mandeville）在他的早于《国富论》半个多世纪的**《蜜蜂的寓言》**（1714）中所捍卫的观点：道德的导向是错误的，支持一个社会的，并非我们天真想象的那样是公民们实践着的美德，而是他们的贪欲。

那么问题是，道德框架就像我刚才提到的那样定义的：“金融实践到今日，社会允许的复杂性、人口密度、一定规模的城市群是什么呢?”毫无疑问，事实是不幸的：内战、国际金融风险正使得社会结构遭受破坏。就目前的形式而言，它仅仅适用于复杂性、人口密度与城市化程度比现在低得多的社会模型。

如果我们想阻止正在进行的破坏过程，选择很简单：金融业也必须遵守作用于其他行业的道德；换句话说，尽快结束它目前享有的治外法权。

因此，我们必须做出选择：是在明确原则的层面（即法律层面）

采取行动，还是在隐含的、精神上的和涂尔干的“内心社会”的层面采取行动？英国《经济学人》周刊刊登了2012年4月和5月收集的民意调查意见，其中给出了答案。以下是两段摘录：

> 金融业的领导人非常重视实现短期目标（84%）；表明“社会责任”只处于一个很低的优先级（62%）……领导人认为，他们主要是对他们的管理委员会负责（90%），其次是监管机构（79%）和投资者（74%）。只有54%的人认为他们必须对“整个社会”负责。当被问及他们应该对谁承担更大的责任时，最普遍的选择是：他们的首席执行官（48%）、股东（44%）、董事会（36%）及其监管机构（32%）。那些最不受欢迎的选择就是整个社会（25%）、公司员工（24%）和政府或者国家（11%）。（《经济学人》，2012）

这些数字说明了一切：金融界仍然相信它是拥有对于道德的治外法权的，无论其对于“整体社会”产生何种影响，它都不关心。因此我们不可能依靠隐含的道德原则（类似于涂尔干的“内心社会”，更不用说奥威尔的“普通体面”），必须通过法律手段。在这种情况下，有两个困难：第一，金融业已经并将继续使用大量的金融资源来实现放松管制——这是迄今为止最成功的策略。第二，它最具破坏性的做法却以目前的形式逃脱了法网，为了取得进展必须定义新形式的不法行为及犯罪。

当然，除非我们决定在一个复杂性、人口密度、城市规模要比我们当代的情况低得多的社会形态里生活——这是衰退论所倡议的，在我们的所有主张之后，这种想法不是没有理由的。唉，我们前面的金融手段，带来的只是人类的不幸和暴力。

责任，是什么呢?

责任有两个组成部分：一方面是作为主体的每个人在世界上的自我认同，以及满意程度；另一方面是社会可以对各种行为容忍到什么程度。

正如我们刚才看到的，一个社会可以容忍什么以及不能容忍什么已被写入法律，其中明确规定了哪些行为是被禁止的，但是那些可以被容忍的事情没有被写明。公民概念化他们的行为方式，正如他们所看到的，必须在已确定的框架内。如果公民违反法律，如何进行评估?我们试图对该人的违法事实与我们所知道的其他人所犯的罪行进行对比。我们试图发现可能减轻罪行的情节。他的犯罪行为更“接近”哪种程度，是表现了他本人的一贯行为还是偶然的冲动?为了进行评估，我们引入**意图**的概念。他是有意实施违法行为(我们称之为“预谋”)，还是这只是一个他无法控制的意外?

如我所料，意图是虚构的，那么如何在一个虚构意图的框架内重新定义责任问题呢？这可能需要以定义本我的方式重新定义，即“我们的所作所为和我们认为我们是什么样的人之间的重叠”，并且以下列方式提问（我故意选择一个极端的例子，采用夸张这种表达方式）：“在我们眼中就像是恶魔的人，他是**无可奈何**的吗？”由于其“无可奈何”，我只想简单地说：“他每天早上都会发觉自己是个恶魔吗？他会觉得自己的行为陌生并厌恶自己的行为吗？”还是说他真的就是一个恶魔？我想要用“蓄意图谋”一词，但这正是被规避的术语！从某种意义上说，这个主体实际上是一个**名副其实**的恶魔，但他每天早上醒来时却总是在自言自语：我还是我，全世界不都是我要去对付的吗？

我们能观察到人们实际上对恶魔做了什么，人们有没有能力让他们不再做出破坏行为。我得到的结论是，我们的社会在这种情况下几乎没能做出接近正确的事情。是啊，社会是在不熟悉的背景下，是在根据**意图**来判断**责任**的框架下演进的，然而意图根本就是不存在的。正如我在《智能系统原理》一书中所说，正确的重新表述方式是**认同**，以描述说话的主题与它所说的内容之间的关系（Jorion，[1989] 2012：217－219）。从这个观点来讲，**认同**正好是我们从一个人的行为或所说的话中所观察到的与出现于这个主体意识中的自我想象之间的重合。正是在这一机制中，我们可以看出个人和**主体**是否匹配，并从这个角度来重新定义责任。

自相矛盾的是，仅仅因为个人理解他所说的内容，并不意味着他会认同或者不认同他所说的内容；与此相反，正是因为他认同他所说的内容——因为他用自身做出承诺——他才会产生一种感觉，即“理解”。这就是为什么那些不喜欢某部电影的人会说：“我没看明白这部电影。”不，他不是没有理解电影，而是没有认同电影中所传达出来的信息。

因此，即使我们按照我所建议的方式重新表述关于正义的问题，也不会从根本上改变目前司法的运作方式，因为不论司法是以**意图**为框架还是以**认同**为框架，其结果都是基本上相同的。因此，我们的社会几乎是被动地做了正确的事情。

从一个类似的观念来看，叔本华给出了更极端的结论：他将人类的表征扩展到动物，因此他要求我们对待动物要像对待我们自己一样。这个想法是令人钦佩的，但当他在定义这个社会所能容忍的事物时，这个想法还是有些唐突的。这表明他是死刑的坚定支持者，而我不是。他的观点是，那些犯下不可接受行为的人必须被彻底清除，简单地解决那些有越轨行为的当事人，无须考虑其动机。

如果从一个完全不同的角度来看，我想说那个每天早上醒来自言自语说自己是一个恶魔的人是值得**同情**的——这是叔本华的一个重要概念，在这方面我的观点和他一致。如果我们观察到一个主体对所做的事满意，他很有可能会是我们所知的最幸运的人；与之相反，那个无可奈何的恶魔则值得我们同情，因为我们观察到他处于不断的失望中，也就可能是最不幸的人。

我们总是后知后觉

为什么关注这些事情是很重要的呢？因为我们很少以即时的手段控制我们的所作所为，我们实施了比我们想象中少得多的控制。我们的行为强烈地基于亚里士多德所说的**最终原因**：我们制定的目标。当然，当我们建造一座房子时，我们确定了在不同阶段要达到的目标，而且我们根据已签署的协议推动进程。我们有能力以系统的方式遵从计划和时间表，但并不是因为要一步一步、一个阶段一个阶段地推进，而更可能是因为我们的目标会成为一个“问题”而投射到将来。一旦我们达成目标，我们将会摆脱这个问题，然后我们再次制定新的目标。再次强调，这是潜意识，或者如果你喜欢的话，可以说这是由**身体**做出的决定。

但是，在我们的日常行为中，在我们对周围的反应方式中，因为我们生活在一个整体社会环境内，我们必须意识到我们对我们所作所为的即时掌控要比我们所想象的少得多。事实上，我们总是后知后觉，我们对事件的掌控程度要远远低于我们在接下来要进行的自传体演说中给出的重组版本；我们创作出这些合理化的演说——

也就是自辩——供他人使用。应当补充的是，他人在对自己的工作方式有一个直觉了解的基础上，抱着一定的怀疑态度去接纳我们的自传体演说。所以我们是唯一被愚弄的人。

第四章　人类具备防止自身灭亡的能力吗?

我们仍然是在“死亡”的基础上谈论这个问题

也许你已经看过这段视频：一位演讲者总结道，他本人坚信在他进行演讲的这个大厅里有人能活一千年。

如果他以这样一种观点开始他的演讲，他显然会面临这样的风险：有些听众可能会立即起身离场，因为他们会觉得是在和一个疯子打交道。但其他听众会继续听他的演讲：这样的言论肯定是有趣的、令人好奇的，但是难以使人信服。

很少有人会认真对待“活一千年”这个命题，因为我们完全能够想象被这类观点所吸引的人是什么样子的：极度的自我膨胀，他们相信他们的存在对人类的未来是不可或缺的。他们是那些确保自己的身体在死亡时被冷冻的人。这样，当某天医学的进步能治愈他们所患的疾病时，他们就可以复活。

对我们来说，“活一千年”的前景近似于长生不老的梦想。是的，当我们发现自己有一天会死去时，我们会受到很大的打击。但是这个事实很快就会被我们消化掉。我们会把死亡和其他令人不快的事实归为一类，并把它们统称为“残酷的现实”。

就人类而言，生命作为一个生物学过程，却没能实现一种可能的选择，那就是通过其个体的永生来确保物种的延续。这是一个满足人类愿望的选择：意识到自己是永生的，人们就会得到极大的满足。

实际上，我们人类从来没有真正接受某天我们会死去这个事实。当我们明白我们的存在是受时间限制时，我们无疑会迁就这个既成的事实。但是人类，就整体而言，则难以接受这个事实。几乎所有的宗教都拒绝接受这个事实。它们断言个体的死亡是一种错觉，并宣称在肉身消亡以后我们还是会在“形而上”的世界中以某种形式存在。

在发现个体会死亡这个事实后，人类就陷入了深深的沮丧。这种情绪一直影响着整个人类。相反，如果人类意识到他们是可以永生的，就不会去想象出一种“末世论”：在某个地方存在着另一个世界，人死后可以在那个世界里展开他“真正的生活”。

有一些民族，譬如古埃及的民族，将与死亡的斗争作为他们民族文化的核心。另一些民族则完全拒绝接受死亡这个事实，自我封闭。人们致力于编纂一些无聊的观点：死亡只是一种错觉，因为在另外一个世界里一切都已经安排好了，那个世界会在死亡的瞬间开启，人们将在那里永久地生活下去。

宗教臆造了末世论，并由此向人们解释死后会发生什么。人类的想象力是无限的，所以臆造出的神话彼此不同。这种不同导致了两个严重的弊病：其一，显然，上帝是“站在我们这一边的”，而不是其他人的上帝，我们设想通过清除地球上的害虫造福全人类。其二，相对于我们现在生活的这个世界，死后在另一个世界里的生活无疑被描述成天堂。人们将精力集中于这个幻想，会忽略对现实世界的改造，不再关注现实生活的可持续发展。在人类与潜在的自身消亡的斗争中，这种末世论是使人斗志松懈的一个主要因素。否则，斗争的紧迫性是显而易见的：要在可再生和可持续发展的基础上安排人类在地球上的生活。

天国令人类斗志松懈

2015 年 9 月 24 日，当我受邀到里尔天主教大学演讲时，我得到了令所有演讲者向往的待遇。听众是那么认真仔细地聆听，因为他们认为可以从我的演讲中获益。演讲者也同样获益：不仅我在发表演讲时受到听众的极大关注，而且演讲结束后听众提问的质量也很高。

在这里，有人向我提出了关于希望的问题。这个概念涉及两个方面：一是人们倾向于寄托希望；二是教徒的神学美德，即他们把希望寄托在上帝的恩惠及死后永生的福音里。

我对这个问题的回答是，如果我们以上述两个方面中的第一个来阐释希望，那么持续不断地寄托希望是不好的。如果发生了这种情况，一切就会变得很糟糕，就只能依靠对以后可能发生的事情的欺骗性描述这个“救生圈”继续生活。

“永远生活在希望中”是不好的。但我们并不反对当某些事情不尽如人意时，我们可以时不时地生活在希望中。我的朋友弗朗索瓦·德伯士（François Debauche）在不如意时就会趁机喝杯小酒，以免增加不必要的忧虑。弗朗索瓦·德伯士已经去世多年了。他是一位令人钦佩的布鲁塞尔心理医生。他很晚才开始接触医学，然后进入心理学领域，但他为医学和心理学注入了非凡的人道意义，并教会了我们许多宝贵的东西。

希望点亮了生活，但它也是一面变形镜。它能引导我们向正确的方向前行，无疑也能误导我们犯一些错误。希望也是一个救生工具包：当乌云密布时，如果我们把头浮出水面呼吸就意味着失败，而它可以延长我们在水中屏气的时间直到天空中的乌云完全散尽。

希望，当它很稀有时，确实是件好东西。因此我们不能滥用希望。就好像开胃酒，一点就好，没有必要太多。但是不应该将希望当作生活中的唯一资本，完全局限在想象中。只依靠希望生活，你就会置身于弱势之中。就像《疯狂的麦克斯：狂暴之路》中所说的，“希望，是一个笑话：或许，我们终将获救，否则，我们都将成为疯子。”

我在里尔的朋友们，我想向你们着重指出：当个体将自身投射到一个不断重新燃起的希望中时，希望会成为这个个体生活中的诱饵。此外，如果从整个人类社会的角度来考虑，它还会导致一种整体的斗志松懈。尽管天主教徒运用福音的话语，找到了人类状态原动力的一个伟大真理，但可惜的是，在他们面对生活的方式中还有另外一个元素同样也会造成斗志松懈。在我们可以感知的这个世界之外另有一个世界，在通过了死亡的考验后人们就会到达那里。对于真正的信徒来说，死亡只是一个过渡。在那个世界里，我们要接受最终的审判，所有的账目都会被清算，我们会因为我们在人世间所表现出的美德而获得奖赏，也会为我们的罪恶而受到惩罚。在天主教的信仰中存在着令人不安的因素，之所以称之为“信仰”，是因为没有任何证据能证明人死后那个世界的存在。

即使有一天我们最终放弃，即使有一天我们不再挽起袖子大干一场，我们还是会在某个既定的时间和地点为在人世间已经完成的事被授予奖赏。而这种想法对于此时此刻就应当完成的事来说是一个消极因素。

但是基督教对此却持不同看法，因为它认为我们目前所在的这个世界是没有任何价值的。在《约翰福音》中写道："不要爱世界，和世界上的事。人若爱世界，爱父的心就不在他里面了。因为凡世界上的事，就像肉体的情欲，眼目的情欲，并今生的骄傲，都不是从父来的，乃是从世界来的"（《约翰一书》，2：15－16）。这种对我们被赐予的在世间生活的蔑视在《师主篇》中表达得更为直白："谁为赢得基督，轻视世物如同粪土，才是明智的"（I，3，6）。

只要我们还活着，在我们的意识深处总会隐藏着这样一个观念：永生会使所有的问题得到最终解决，通过最后的审判，一种新的公正的平衡将再次建立。这种观念会对我们的行为起到抑制作用。它会阻碍我们为实现当前的变革付出全部的精力。当我们要对影响两三代人的事态进展做出改变时——在半个世纪到一个世纪的时间内——这种观念同样会妨碍我们的积极性。失去的每一秒钟都将会进一步加深这个即将到来的悲剧，因为在我们亲手进行毁坏的同时，时间还在疯狂地流逝。

人类是一个不幸的物种

在《悲剧的诞生》中，尼采提到了弥达斯（Midas）国王的故事。弥达斯国王俘获了狄俄尼索斯（Dionysos）的伴侣和老师西勒诺斯（Silène）。国王逼西勒诺斯说出，对人来说什么是最美妙的东西。这个精灵对他说道：

> 可怜的浮生啊，无常与苦难之子，你为什么逼我说出你最好不要听到的话呢？那最好的东西是你根本得不到的，这就是不要降生，不要存在，成为虚无。不过对于你还有次好的东西——立刻就死。（Nietzsche，［1872］1949：25）

在尼采的笔下，西勒诺斯指出：纵看人的一生主要是建立在苦难之上的。之所以说“在尼采的笔下”是因为哲学家尼采写下这段文字的灵感是源于索福克勒斯（Sophocles）在《俄狄浦斯在科罗诺斯》中合唱的一节：

> 一个人最好是不要出生；一旦出生了，求其次，是从何处来，尽快回到何处去。等他度过了荒唐的青年时期，什么苦难他能避免？嫉妒、决裂、争吵、战斗、残杀类的祸害接踵而来。最后，那可恨的老年时期到了，衰老病弱，无亲无友，那时候，一切灾难中的灾难都落在他头上。

因此，尼采在创作上的灵感和索福克勒斯如出一辙。尼采才是西勒诺斯的话所表达出观点的真正作者。这段话也让人想起了与之精髓上相同的另一段话：莎士比亚（Shakespeare）的悲剧《麦克白》

中麦克白（Macbeth）所说的一段话。这段戏剧创作于1606年，因此可以说比尼采更早地见证了这种观点。

莎士比亚，通过罪恶的苏格兰国王之口，彰显了生命的微不足道。“生命”一词本身就是没有任何价值的，完全没有表征它的意义。麦克白指出：

> 人生不过是一个行走的影子，一个在舞台上指手画脚的拙劣的伶人，登场片刻，就在无声无息中悄然退下；它是一个愚人所讲的故事，充满着喧哗和骚动，却找不到一点意义。（《麦克白》，第5幕，第5场）

我们在近代著作中也能找到同样的信息。譬如，朱利安·格林（Julien Green）的《如果我是你……》：

> 如果让我用一个词来总结这本书的主题，我也许会用“焦虑”这个词。这是对既不能逃脱个体自身的命运也不能逃脱死亡的必然性，以及独自存在于一个令人难以理解的世界而产生的双重焦虑。（Green，1947：16）

这种不转弯抹角的言行在今天是不常见的。格林是天主教徒并以自己的宗教信仰为荣。也许他的直言不讳正来自这里。我们在自诩为无神论者的散文家中还能嗅到令人窒息的圣器室的味道。无意义的过分虔诚还是以根本不存在的灵性为借口被保存下来。

通常，人们只要表达出这种对生命忧郁的思绪就会受到嘲笑，因为这被解释为与临时的情绪波动有关的悲观情绪所导致的一些不合时宜的举动。而产生这瞬时的悲观情绪的首要原因经常只是肠胃功能不适。

上述出自不同人物之口、不同形式的阐述道出了真实的世界就是此时此地我们所看到的周围的事物，由此可以总结出我们已经得到的和永远不会得到的，除此之外再无其他，无论在任何其他地方，或是任何其他时代。我们被赐予的生命，尼采在《悲剧的诞生》中将它称为“普遍意愿的旺盛的繁殖力”（Nietzsche，［1872］1949：86）。

事实上，从出生的那一刻起，我们就被抛到了一场正在进行的演出的舞台中央。我们将开始一次长途跋涉的旅程。我们只有“车辆”和“装燃料的必要装备”，却完全不知道关于目的地的任何信息。我们只有两个选择：踏上旅程或完全放弃。几乎所有人都半推半就，甚至是满心欢喜地踏上旅程。至于整个故事是否有一天会变成一场可怕的悲剧，我们却没有掌握丝毫的信息资料。当然，如果选择是基于某些标准做出的，那么它一定是具有某种意义的，姑且不论这个意义是什么。

无论是莎士比亚还是尼采的阐述都引起了我们的共鸣，因为这两个不同时代（17 世纪和 19 世纪）的思想家在我们对这个世界认知的进步真正建立起来以前，给出了相同的诠释。他们的诠释近乎绝对地确定。这不是一种简单的假设，而是对我们命运的真实描述。

有意思的是，我们会发现莎士比亚生活的那个时代还处在原教旨主义的宗教环境中，他设法将这么残酷的话从他笔下一个人物的口中说出，即便是麦克白这个反面人物——一个不择手段的疯狂残忍的人，并在他那个邪恶的妻子麦克白夫人的煽动下。

“哪管他死后洪水滔天!”

我在本书的开头就指出短期行为是我们当前社会的隐患之一。报废是另一种隐患：故意缩短产品的生命周期来迫使消费者重新购买。是哪个可恶的工程公司发明了这套方法并把它强加在我们头上?

我们自己的“程序设计员”大概能给出一个答案：“怎样才能让他们永生呢?”嗯……不容易！但是还有另一种解决方法：我不让人类永生，但是我鼓励人类生育。一旦他们生育后，我再一点点削弱他们。他们永远不会知道他们死后会发生什么，正如他们也不知道在他们出生前发生了什么，当然除了通过阅读历史书籍。他们永远也不会忧虑！这会使他们拥有一个有趣的心态——“哪管他死后洪水滔天!”

当然，如果我们有后代的话，我们的生命可以通过我们的子女、孙子女甚至重孙子女延续下去，因为我们能从他们的脸上看到我们的影子。但是从更远的后代那里就很难再看到我们自己了。但由此而产生的担忧随着时间的推移会慢慢消失，对我们来说会变得像加德满都居民的忧虑那样遥不可及。因为我们知道我们不具备与距我们几千公里的面临恐惧的人感同身受的品质。有时候，我们甚至对生活在距我们几十公里地方的人都漠不关心。同样，如果有人问我们，我们会说："我们致力于改善子孙后代的命运!"但这对于我们来说是完全抽象的。同样地，人类的灭绝对我们来说也是一个模糊抽象的概念，它不能影响到我们的情绪。

我们可以从其他人的身上找到认同感——我们中的一些人自然而然会有这样的倾向，但是我们不能从全人类的命运中找到认同感，因此不能完全投入到人类的发展进程中。我们会赋予自己的生活某种意义，但给人类历史赋予某种意义则超越了我们的想象。

医学的进步和其他多种技术的发明、应用，使我们生活的舒适度及饮食质量获得改善。我们发现了可以延长个体生命使其超出自然限度的方法。这种自然限度是指在觊觎我们的猛兽及各种致命疾病构成众多威胁的环境中的生命限度。几千年的人类文明，使这些进步得以实现。人类文明，通过这个物种自身的创造力实现生命进程的延续。鉴于人类在举一反三中显现出的新颖能力——之后我会再次讨论这个话题——以及在工具与机器制造过程中积累出的触类旁通，已使**智能设计**得以开发；这是最值得我们自豪的，这成为人类创造力改造自然的证据——“自然”，这个词，没有人类将无法运行——至少在我们的星系中是这样。

尽管埃及遭受了十大天灾，人类仍然劫后重生。我们目前处在改善人类个体终将面临死亡境遇的高级阶段。当代的超人类主义者确信：人类很快就会实现他们的终极目标——生命的永存（至少一千年）。我在《危机》一书中写道：

> 当然，人总有一天会死去。但人的死亡不是程序预先设定的，而是像树一样自然地死去：如同一个星球，它的生命存续是它在所受各种影响的共同作用下形成的一种妥协。当其他星体摧毁了它赖以生存的条件时它会因此死去。人与树一样，可能会因为被闪电击中或无法承受自身重量而倒塌并最终死去。(Jorion，2008：319－320)

如果这是能够使我们从焦虑中解脱出来的唯一手段，同时也是促使我们对生命的真谛感兴趣而不会因为我们的固执而拒绝承认生命真正含义的唯一手段，为什么不确定这样一个目标呢？这种近乎永生使我们担负起保护我们所赖以生存的星球良好运行状态的责任，即使这是唯一的益处。

科学家们徒劳地向我们解释我们很可能以不可恢复的方式扰乱了物理、化学及气候的周期。我们中大部分人在内心深处说：“等到这些问题变得尖锐的那一天，我们已经不在这个世界了。”如果我们基本可以肯定到那时我们还活着的话，我们的想法就会大不一样了。如果人的生命可以长达几个世纪，我们无疑就不会再有“哪管他死后洪水滔天”的态度了。正是这种态度使我们将自己赖以生存的星球变成了一个令人生厌的垃圾场，也使我们不再将摧毁自己的生存环境作为一个当前应该积极面对的问题，而是打算留给其他人来解决。

如果我们可以活一千年，我们可以对孩子们说：“也许你不能永生，但是如果你能活一千年，你的感觉就好像自己能永生一样！”在我们死后居住的伊甸园里，街角的喷泉里喷出的都是蜂蜜和红酒——我们对这样的寓言失去了兴趣。我们会认真地投入到提高或至少是维持我们在世间生活质量的行动中。我们要大干一场而不是在不断增长的倦意中等待噩梦的降临。拉康打开了我们的眼界，他强调：如果没有死亡作为最终的解脱，没有人会愿意接受这样的生活。

如果我们希望人类继续生存下去，我们一定要将命运掌握在自己的手中，并且现在就该大步向前。只要人们没有从使他们对周围世界看法扭曲的幻象中摆脱出来，他们就不能对隐约可见的人类灭绝的威胁应战。时间不多了，也许已经太迟了。只要我们还没有意识到这些问题并试图快速地解决它们，我们就不会采取行动。

通过拯救人类，我们证实了人类热爱生活。而不是像现在这样，因为知道生命的尽头是死亡而尽情享乐，正如弗洛伊德所指出的，想尽用来解闷的各种方法，只不过是疯狂与浮躁的麻醉剂。以我们如今这种方式生活，生命的主要矛盾在于：死亡是令人厌恶的，尽管我们不断地尝试忘却死亡，却无法避免它；但死亡最终还是令人愉快的，因为它给我们这种永远不能实现的（试图分散我们对死亡的注意力的）尝试限定了一个期限。

在等待永生时，我们更愿意虚度光阴

如果我们不相信人是可以永生的，那么我们就不会轻易地偏离我们真实的理想，因为我们竭尽全力试图忘记人是会死的。相反，如果我们相信人会永生，在等待的同时，我们却不太知道应该如何打发我们在人世间被赋予的光阴。对人类行为的观察表明：出于这样或那样的原因，人类会疯狂地虚掷光阴。

尼采在《作为教育家的叔本华》中这样写道：

> 人类的一切秩序终究都是为了不断地涣散人的思想，从而使日子不知不觉地过去。（Nietzsche，［1873－1876］1922：50）

同样，在《不合时宜的沉思》中，他写道：

> ［叔本华］教导我们在对人类幸福的真实促进与虚假促进之间做出区分：不论财富、名声还是学问都不能使个人摆脱对其人生之无价值的深深烦恼，对这些东西的追求唯有靠一个高

> 尚的光芒普照的总体目标才有意义，这就是获取权力，借之补救躯体，成为对躯体之愚昧和笨拙的永恒矫正。（Nietzsche，［1873－1876］1922：28－29）

因此，即使改变世界也不一定能摆脱抑郁消沉，这是人类共同的命运。

弗洛伊德，作为尼采的忠实读者，于半个世纪后在《文明及其缺憾》一书中写道：

> 人试图解除苦恼得到消遣，为此他们会使用麻醉品，形成令人安心的集体幻想（例如宗教）［弗洛伊德认为宗教使现实变形，会产生“集体妄想”］，而更积极的方式则是通过艺术或精神的表达来得以升华。（Freud，［1929］1970：25）

在弗洛伊德看来，在人类历史上直到今日都只有抑郁消沉。人们试图用两种方法来摆脱这种消沉：一种是用毒品来麻醉自己或在幻觉中逃避；另一种是躁动不安。在此又存在两种可以人为评判的形式：一种是以足球运动为代表的不太“优雅”的方式；另一种是以艺术为代表的“优雅”的方式。就艺术来说，我们应该还记得19世纪一些伟大的雕塑家工作室的照片。我们在照片中看到这些留着胡子、叼着烟斗、戴着眼镜的艺术家混在一群裸体女孩中，就能明白在这些工作室中交媾——至少也是想入非非——远比灵魂的升华令人沉迷。

但是由弗洛伊德勾勒出来的画面还不太完整，因为文化还为我们提供了理想。[或者应当如弗洛伊德著作的译者查尔斯（Charles）和伊尔莎·奥黛（Ilse Odier）所说的那样：提供了“文明”?] 人类由于意识到个体生命在时间上的有限性而抑郁消沉，文化（或“文明”）可以使我们战胜这种一蹶不振：智慧、圣洁和英雄主义，但我们不知道哪一种更值得推荐。

智慧、圣洁和英雄主义：选择哪个?

尼采在《悲剧的诞生》中写道：

> 为了伟大天才的这个气壮山河的“能够”，完全值得付出永远受苦的代价，艺术家的崇高的自豪——这便是埃斯库罗斯剧诗的内涵和灵魂。相反，索福克勒斯却在他的俄狄浦斯身上奏起了圣徒凯旋的序曲。(Nietzsche，[1872] 1949：46)

这是否意味着对圣洁的渴望提上了人类当前的议事日程了呢?但是，尼采在同一著作中对另一种美德——智慧——也用尽溢美之词，同时也道出要致力于寻求这种美德所面临的危险：

> 的确，这个神话好像要悄声告诉我们：智慧，特别是酒神的智慧，乃是反自然的恶德，谁用知识把自然推向毁灭的深渊，他必身受自然的解体。“智慧之锋芒反过来刺伤智者；智慧是一种危害自然的罪行”——这个神话向我们喊出如此骇人之言。

(Nietzsche, [1872] 1949: 45)

还是在《悲剧的诞生》中,尼采提出:

悲剧文化最重要的目标是,智慧取代科学成为最高目的,它不受科学的引诱干扰,以坚定的目光凝视世界的完整图景,以亲切的爱意努力把世界的永恒痛苦当作自己的痛苦来把握。(Nietzsche, [1872] 1949: 79)

圣洁、智慧,体现着同情和爱。除非最好是做一个英雄?尼采在他的著作《作为教育家的叔本华》中这样写道:

叔本华:"幸福的人生是不可能的,人可能达到的最高境界是一种英雄生涯。度此生涯的是这样的人,他在不拘哪种方式和事件中,为了正在到来的不拘怎样有利于全体的事物,与极其严重的困难搏斗并且终于获胜,但是所得甚少,甚至完全得不到回报。"(Nietzsche, [1873-1876] 1922: 153)

尼采的这些话与黑格尔的观点产生了共鸣。黑格尔认为:伟人的幸福,相对于普通人在最好的情况下以相对容易的方式所享受的幸福来说,实际上是微不足道的。在《历史哲学》(Hegel, [1822-1823] 1965)的导论《历史中的理性》(与《历史哲学》分开出版)中这样写道:

伟人不会拥有通常意义上的快乐。他们没有想过寻找幸福;

他们想要的是达到目标，并为此艰辛不懈地努力。他们知道如何获得满足感，实现他们的目标，全人类的目标。面对如此远大的目标，他们大胆果敢，为实现目标而不顾及旁人的舆论。他们没有去选择幸福，而是选择为达到目标忍受痛苦，不断斗争和努力工作。目标一旦实现，他们不是在那里坐享成果，他们从没有感到过快乐。他们的存在体现在他们的行动中，他们的激情决定了他们所有的品质和性格。（Hegel，［1822－1823］1965：123－124）

还是在《作为教育家的叔本华》中，尼采对于英雄主义进一步解释道：

这是一种英雄生涯，连同在其中完成的苦行，当然和那些人的贫乏概念毫不相干，那些人最起劲地谈论这个话题，庆祝伟人的纪念日，误认为伟人之所以成为伟人，正如他们之所以成为小人物，是因为伟人仿佛有一种恩赐使他得以享用，或者有一种机制令他盲目地听从这内在的逼迫，所以，就像他有权伟大一样，未得此恩赐或者未感觉此鞭策的人就有相应的权利渺小。（Nietzsche，［1873－1876］1922：154）

其实我们一直都需要英雄主义。我们人类不太具备管理好这个杂乱无章的世界的能力，从出生到死亡我们都在这个世界中挣扎。与我们所想象的不同，我们所有人身上都具有英雄主义这种美德。

说实话，我们不够英勇的状态是很罕见的。我们很清楚，生活在环境决定的框架下，我们每个人每天都必须是英雄，有时还要是圣人或智者。实际上，英雄主义是这个世界上最为普遍的品质。智慧和圣洁也是人类通常具备的品质。

尼采是一个坦率的人。但是，当要准确地解释是什么赋予了生命意义的时候，他却不知道如何找到头绪：是美，或者可能是爱？除非它们是相同实体的两个象征。因此生活中我们应该采取的态度是成为圣人还是成为英雄，抑或是获得智慧？爱、美、圣洁、英雄主义、智慧：即使是尼采也只是试图说服人们而不再去关注那些显而易见的事情，即原本什么样就是什么样。我们既不能和不存在的上帝也不能和我们的子孙后代讨价还价，因为我们对他们一无所知。

因此，我们不应该和孩子们说："真可怜，你已经出生了，我们可以肯定的是你在某天出生，也将在另外某天死去。"而应该告诉孩子们："也许你会活到八十岁或一百岁，如果想到恐龙这个物种在地球上生存了一亿六千万年，而它们已经灭绝了有六千万年，相对而言，这几十年的人生不算什么。但如果你去做所有你想做的事（或者这样说更好，你要身体力行地完成你头脑里所有的想法），你很快就会感觉到你的出生消失在遥远的时间黑夜里，你是永生的；即使你明天就将死去，而你只有二十岁。因为在你死后，你永远不会有机会再往回看一眼并对自己说：我做了这些和那些。因为当我们死了，很简单，我们的思想永远地停止了。你所能做的所有事情就是在死时对自己说：‘我已经尽我所能，做到最好了。’然后愉快地离开这个世界。”

美，使时间静止

对于黑格尔来说，时间和空间是这样存在的：我们实际上是沉浸在“流动”的河流中。“流动”的特征就是它永远不会保持相同的状态。我们只是为了更好地理解“流动”才认为有必要将它区分为时间和空间。在“流动”的河流中我们唯一能确定的点就是“现在”。现在是过去和未来的分割点，我们每一刻都身处其中。我们知道过去都发生了什么，因为我们有回忆；而对于未来，我们不知道它将以何种形式出现，因此未来就会引起我们的恐慌或使我们产生希望（Hegel，［1881］1987：145）。

1801 年，黑格尔在 31 岁生日那天答辩的论文《论行星轨道》证实了这个可怜的哲学家对科学方法的“一无所知”。他认为科学家都是极其无知的——譬如伽利略（Galilée），尤其是牛顿（Newton），因为这些科学家想象着“在我的右边是时间先生，在我的左边是空间女士”。而黑格尔对开普勒（Kepler）十分推崇。开普勒阐述了天体运行的三个定律，用“运动”一词来描述“宇宙整体”，而不只是笨拙地将几何和算术组合起来。黑格尔强调：“数学中的几何部分是时间的抽象……而算术部分则是空间的抽象”（Hegel，［1801］1979：131）。

开普勒做了什么与伽利略和牛顿不同的呢？他没有讲述地球沿轨道围绕太阳公转一圈要1年，而火星绕太阳公转一圈却要1.88年；“他确定了整体，并由此推断出各部分之间的关系”（Hegel，［1801］1979：140）。开普勒在第二定律中写道：在相等时间内，太阳和运动着的行星的连线所扫过的面积都是相等的。“整个现象被完全描述，是确定的”（Hegel，［1801］1979：143）。黑格尔继开普勒之后说，行星就是在一定的时间和空间保持恒定的某种东西，或者说是一个“运动的整体”。

现在我们被感情所驱使：我们不仅对周围的世界而且对来自我们内心深处的感觉做出反应。决定我们行动的情感动力允许我们被周围的环境——像我们一样的人类及与我们不同的事物——所影响。我们被周围的环境所“诱惑”：它给我们带来了欣喜，也使我们放弃了一部分自主权以顺从它的意志。我们要做的事是由环境决定的。它所带来的欣喜使我们可以暂时抛开我们的痛苦。我们说到美感，或者更简单地说，“美”，使人着迷。对于我们自身的感觉来说，我们逃离了世界的变化。美感使时间静止，我们逃离了嘈杂和愤怒（从某种角度来讲，我们也是这嘈杂和愤怒的根源之一），从而获得了内心的平静。

当我们陷入对世界的默想，沉迷于美的事物时，我们得到了巨大的喜悦，这是真正幸福的时刻。

这种由美所产生的满足感，我们可以在一条小路的转弯处获得，也可以在体现了艺术家对美的追求的作品中获得，比如一座雕像、一幅画或是一段旋律。

当我们完全沉浸在对美的体验中时，我们就不再需要其他任何东西了：这种体验可以无限期地持续下去而不会引起任何新的忧虑和担心。然而，由世界的变化所引起的纷繁喧嚣会很快结束这短暂的平和。

心醉神迷是一种比因美而赞叹更高的境界：它不再只是简单的时间脚步的暂停，而是意识本身的短暂消失。拉康将我们的视线引向了位于罗马的贝尼尼（Bernin）著名的雕像《圣特雷莎的狂喜》的面部表情上：她凝视着上帝之美，沉迷其中。这与达到性高潮时出现的表情相差无几，“毫无疑问，她正在享受!”（参见 Lacan，1972－1973：168。）

当代艺术家有时用另一种方式对变化进行指责。这种使我们抛开时间的方式包括：使艺术品成为昙花一现的物品也同时使时间转瞬即逝。在他的思想意识中这与文艺复兴时期的“万物虚空图”一脉相承。死亡的原始状态以阴沉的语气再次提醒人们：人类的生命是有限的。

当我说“这就是我生命的意义”时，我试图表达什么？我给我所要阐明的内容提供了某种故事概要。我对我的生活做出了评价：我尝试着完成一些事并取得了成功。然而，美与故事的讲述是截然不同的，它也迥异于体现着某种意义的生命进程。而生命的意义承受着变化的必然和无序，我们却总是错误地将变化解释为超然力量的意愿所带来的结果并怀疑各种真实性。

生命这场演出，每个人只有一次机会。与其强制人们按照计划逐步进行，不如试图将它从对变化的种种约束中解放出来。不必给生命强加一个意义，像艺术家那样，只是试着让它变得美丽不是更好吗？

愚昧的美

无疑，众神是存在于故弄玄虚和迷信的世界中。但是无用的宗教神话和对这些神话的解释却给我们提供了这种美。大家可以读一读福音书，我们可以通过戏剧性的叙事体验到这种美。

神话是人们在还不知道宇宙如何运行的情况下对自身认识的梦想化。如今我们对宇宙的了解仍然不完全，但是有一个总体上的概念。这些神话不是只体现了错误的信息元素，我们不该简单干脆地全部摒弃；因为当我们认识自身的时候，它们仍旧是很重要的元素。

我们应该认识到宗教构成了我们生活中的文化世界。我们应该深入研究真正的诗歌精髓，而这些诗歌是在神话创作中无意地产生的。

现在，我们应该明白了：我们要分析我们祖先所创造的那些虚幻的描述，虽然对当今世界的运行来讲，这些神话只是故弄玄虚，我们的祖先没有意识到这些描述是毫无意义的。因此，我们应该取其精华去其糟粕。

悲剧的重要性

尼采认为希腊悲剧的诞生是我们人类文化的创始时刻。索福克勒斯是悲剧诞生的标志。希腊悲剧到埃斯库罗斯（Eschyle）时期广泛传播。最终衰落于欧里庇得斯（Euripide）时期。欧里庇得斯是苏格拉底（Socrate）的朋友。尼采认为他对于理性的召唤是污染了悲剧风格的毒药并标志着悲剧永远的衰落。

为什么这么说呢？因为悲剧所传达的信息是命运的必然性。而理性却告诉我们：只要稍加思考，再稍微有些常识和判断力，一切就都可以迎刃而解。尼采却认为事实并非如此。他邀请人们质朴地去观察、看待我们周围的世界，而要这么做必须具有最低限度的洞察力。对理性的运用，或至少是对从苏格拉底时代流传下来的那种力量的信任，恰恰阻碍了人们的脚步。

尼采认为，理性实际上就像舞台中上帝从天而降的技巧一样微不足道，那其实不过是一个由滑轮操控的平台，使扮演上帝的演员从楣梁下降到舞台上。

“理性”，**逻各斯**（*logos*），是三段论的中项（联系大小项的词项）。正如亚里士多德所指出的：中项在结论中会消失。哺乳动物靠乳汁哺育幼崽，鲸鱼给它的幼崽哺乳，所以鲸鱼是哺乳动物。鲸鱼是哺乳动物的“理由”在于它靠乳汁哺育幼崽。“鲸鱼给它的幼崽哺乳”这个中项消失了，我们只要想到这一点就可以了。

其实，在欧里庇得斯认为理性可能使我们做出错误的判断前，索福克勒斯已经将这个信息以更完整的形式传递给了我们。众神决定了俄狄浦斯的命运。俄狄浦斯想要摆脱这个既定的命运。但无论他怎么做，最终众神为他选择的命运还是一一实现了。俄狄浦斯这个悲剧英雄正是索福克勒斯所要传递信息的一个最完整的原型。我们只要有一点点想象力就会意识到我们也处于相同的境况中。意愿不会改变任何事情，意识在事件的发展过程中也起不到任何作用。

俄狄浦斯为避免弑父娶母而做的所有主观努力没有任何效果。唯一有效果的行为是他刺瞎了自己的双眼。之后，俄狄浦斯就完全依赖他的女儿安提戈涅了。安提戈涅，这个二号悲剧人物，也被命运所左右。这一次不是命运的必然性，而是她无法从两个互相矛盾的要求中做出选择，从而导致形势的无法调和。安提戈涅实际上被夹在社会生活的两个不兼容约束之中：由血缘关系决定的忠诚和为国家服务的职责所在。

当要阐明我们命运的秘密原动力的时候，弗洛伊德对俄狄浦斯这个人物的基本特征进行了推测。但当他试图解释为什么索福克勒斯笔下的俄狄浦斯是我们所有人命运的原型时，他却完全弄错了：他认为如果说俄狄浦斯的命运是悲剧的，那是因为众神宣判他犯下了弑父娶母的令人憎恶的罪行。但这些令人憎恶的罪行实际上只是剧情上的一些波折，目的是揭示真正的悲剧，即命运的必然性。

在弗洛伊德之后，欧内斯特·琼斯（Ernest Jones）将俄狄浦斯和哈姆雷特两个人物进行了对比：哈姆雷特不能下定决心杀死他的叔叔克劳狄斯，因为克劳狄斯替他实现了一个儿子对他父母所抱有的双重隐秘愿望，即弑父娶母。克劳狄斯杀害了他自己的哥哥——哈姆雷特的父亲，霸占了他的王位；然后娶了乔特鲁德——哈姆雷特的母亲（Jones，1910）。

尽管他们二人的行为（一方是已实现的行为，另一方是目标性行为）是相同的，但在情感方面俄狄浦斯和哈姆雷特却是不同的。亨利·拉伯里特（Henri Laborit）分析了这两个人物在面临危险时可能呈现的态度：俄狄浦斯是势在必行，而哈姆雷特却陷入了犹豫。正是思考导致了犹豫，同样的问题在脑子里一遍遍出现："生存还是毁灭?" 如果我们将解决难题的行动暂停，其实相当于几乎没有采取行动。尼采这样评价哈姆雷特：是认知使他停滞，僵持不前。“真知灼见毒杀了行为，行为需要幻象的蒙蔽——这就是哈姆雷特给我们的教训”（Nietzsche，［1872］1949：43）。

苏格拉底式的求知欲

尼采强调，尽管理性的先验特征是能带给人们巨大希望的，但它最终是一个骗局。尼采认为，鉴于苏格拉底的威力，欧里庇得斯也成了他的拥护者。从此悲剧偏离正道，不可避免地走向衰落。理性的再现使得悲剧丧失了主旨——这种对人类生活的真实阐述完全没有任何意义，反而把我们带到了一条死胡同，最能体现这一点的是**肥皂剧**。肥皂剧中戏剧性的波澜曲折只有在感性和理性之间无法解决的矛盾冲突中才能无休止地继续下去，一集又一集；而在**结局**我们总是可以想象还是理性占了上风，因为自苏格拉底以来，理性的力量已经成为编剧架构的基本前提。

尼采在《悲剧的诞生》中认为苏格拉底和欧里庇得斯是同谋：

> 苏格拉底和欧里庇得斯之间的密切关系，当时的古代人也注意到了。雅典有个流行的谣言，最动人地说明了这种敏锐的直觉，据说苏格拉底常常帮助欧里庇得斯作诗。……阿里斯托芬（Aristophane）的喜剧谈及这两个人时，就往往带着半愤怒、

半轻蔑的语气——这会使现代人大为诧异。诚然，现代人很乐意抛弃欧里庇得斯，但是当在阿里斯托芬的喜剧中苏格拉底被描述成最主要和最突出的智者，被表现为智者运动的镜子和缩影时，他们就惊诧不已了。(Nietzsche，[1872] 1949，1872：45-46)

尼采在同一部著作中提到，“苏格拉底式的求知欲和妄想知识可以治愈生存的永恒创伤”（Nietzsche，[1872] 1949：91)。他又补充道：

如果说古老悲剧被辩证的知识冲动和科学乐观主义冲动挤出了它的轨道，那么，从这一事实可以推知，在理论世界观与悲剧世界观之间存在着永恒的斗争。只有当科学精神被引导到了它的极限，它所自命的普遍有效性被这极限证明业已破产，才能指望悲剧的重生。(Nietzsche，[1872] 1949：88)

我们只能承认并得出“科学精神被引导到了它的极限，它所自命的普遍有效性被这极限证明业已破产”的结论，今天这一时刻已经来临。

同样是在《悲剧的诞生》中，尼采是这样描述苏格拉底的：

所谓“苏格拉底的守护神”这个奇怪的现象，为我们提供了了解苏格拉底的本质的钥匙。在特殊的场合，他的巨大理解力陷入犹豫之中，这时他就会听到一种神秘的声音，从而获得

> 坚固的支点。这种声音来临时，总是劝阻的。直觉智慧在完全反常的性质中出现，处处只是为了阻止清醒的认识。在一切创造者那里，直觉都是创造和肯定的力量，而知觉则起批判和劝阻的作用；在苏格拉底，却是直觉从事批判，知觉从事创造——真是一件赤裸裸的大怪事！而且我们在这里看到每种神秘素质的畸形的缺陷，以致可以把苏格拉底称作否定的神秘主义者，在他身上逻辑天性因重孕而过度发达，恰如在神秘主义者身上直觉智慧过度发达一样。（Nietzsche，［1872］1949：70-71）

理性是苏格拉底的“守护神”。在稍晚些时候，亚里士多德清楚地指出它只是三段论中的中项。正如我在上面解释过的：“鲸鱼给它的幼崽哺乳”是如何成为“鲸鱼是哺乳动物”这个事实的原因的。

尼采谈到了“三段论的危害”，却掩饰不住他对苏格拉底在人类历史中的推动作用的欣赏，比如苏格拉底的理论乐观主义的结论：

> 针对这种实践的悲观主义，苏格拉底是理论乐观主义的原型，他相信万物的本性皆可穷究，认为知识和认识拥有包治百病的力量，而错误本身即是灾祸。深入事物的根本，辨别真知灼见与假象错误，在苏格拉底式的人看来乃是人类最高尚的甚至唯一的真正使命。因此，从苏格拉底开始，概念、判断和推理的逻辑程序就被尊崇为在其他一切能力之上的最高级的活动

> 和最堪赞叹的天赋。甚至最崇高的道德行为，同情、牺牲、英雄主义的冲动，以及被日神的希腊人称作“睿智”的那种难能可贵的灵魂的宁静，在苏格拉底及其志同道合的现代后继者们看来，都可由知识辩证法推导出来，因而是可以传授的。(Nietzsche，［1872］1949：79)

更重要的是，我们应该感谢苏格拉底为维护人类面对这个理性世界时的乐观精神做好了赴死的准备：

> 现在，我们在这一思想的照耀下来看一看苏格拉底。我们发现，他是第一个不仅能遵循科学本能而生活，更有甚者，能循之而死的人。因此，赴死的苏格拉底，作为一个借知识而免除死亡恐惧的人，是铭刻在科学大门上方的一个盾徽，提醒每个人，科学的使命在于使存在变得可以理解，从而证明存在是正当的。(Nietzsche，［1872］1949：78)

关于理性的问题，我在我的名为《真理和现实是如何产生的》(2009）这本书中以稍微不同的方式做出了阐述。我试图将问题全部放在一个由编程语言所展示的前景中，并顺便解决被称为“原始思维”现象的问题。比如，南苏丹的努尔人认为“双胞胎是鸟类”的观点就属于“原始思维”现象。

西方文化特有的概念选择包括反对称的包含关系（“所有的猫都是哺乳动物”是成立的，而“所有的哺乳动物都是猫”却不成立)

和反对称的因果关系（“云会引起降雨”，而“降雨会引起云”却不成立）；在我们自己的文化中也可以看到这两种关系。除此以外，还有对称的归属关系（“法老有一座金字塔”和“金字塔归法老所有”）以及关联关系（“五月一日铃兰开花”）；它们在整个人类文化中得以证实。我在这本书中想要展现的是西方文化特有的概念选择使三段论的运用成为可能，在三段论的结论中将产生全新的真理。中项“理由”使这种恢宏的巨变成为可能。中项在使大小项相互衔接后被淘汰，而大小项在结论中是直接相关的。

对于亚里士多德来说，存在着双重的实体。一个是我们可以观察到的周围感性世界的实体，另一个是当成对的词以有效的方式被组合在三段论中时，由对它们的对照效果所做出的“经验”发现（他将此分为十类）而产生的实体。康德（Kant）和黑格尔认为：以这些有效性的规则（现在被我们称为“逻辑”）为基础，亚里士多德在《工具论》中建立起了永久性的完整理论体系。

由苏格拉底提出后，亚里士多德通过提出三段论的“格”的汇编确认了在我们思维的深处（不知不觉中）可能存在一个“处理三段论的机器”：三段论的结论将在意识的窗口反馈出来。

在“原始思维”中，与情感价值相关联的成对概念被存储在记忆网上，并没有精确的定向（Jorion，［1989］2012），所以它们可能朝任何方向发展。概念间所有的潜在关系都是对称的：例如，如果对于努尔人来说“双胞胎是鸟类”，那么自然地对他们来说“鸟类是双胞胎”。然而我们现在的（我们与古希腊哲学家共有的一种思维）记忆网是定向的。我们也可以区分反对称的包含关系及因果关系。当涉及被储存信息的时候，这种形式的记忆网会强加一些约束限制。我们能够得出的观点（三段论的结论）被这种定向所“轧制”，就好像钢锭在轧钢机里变成钢板。因此，“所有猫都是哺乳动物”的命题是成立的，而“所有哺乳动物都是猫”的命题就不成立了。

当一个定向记忆网的运行是遵循三段论的有效结构（由发现原因进行推理）原则（逻辑）时，它将使我们思考并将我们想明确表述出来的情感动力进行疏导并变成一种适当的动力（Jorion，[1989] 2012；Jorion，2009）。这样的转型过程，也是一个将“原始思维”真正驯服的过程。

苏格拉底为三段论提供了理论基础。我们对自己行为的判断会略有偏差。而理性及理性所建立的严密协调非对抗性和一致性的框架，给我们提供了对自身行为的衡量标准，而不是简单地在审视我们自己的所作所为之后感到羞愧或满足。

人是社会人，这是人自身的选择还是来自人的本性或者神的旨意?

众所周知，当谈到人的社会行为时，从历史的角度讲，在我们的文化中有两种相反的理论观点。按时间顺序，首先是亚里士多德学派的观点。他们认为人是一种政治动物（一出生就要生活在由机构管理的社区中）：是人的本性决定了人是社会人。根据亚里士多德学派的这种观点，既然人的社会行为形成了一种感知，那么它是确定的。我们对人类物种的认识是，人这个物种从基因学的角度来说属于“大猿”即“人科”。在这个大家庭里除了人类，还包括黑猩猩、倭黑猩猩、猩猩和大猩猩，这四个社会性物种都是由众多个体构成群体。对人类物种的这种阐述至今仍被动物行为学家所采用。

另一种观点由托马斯·霍布斯（Thomas Hobbes）提出，由让·雅克·卢梭（Jean-Jacques Rousseau）进一步发展。根据他们的观点，人类这个物种经历了两个前后相继的阶段：个体独自生活阶段——个体有无限的自由，却处于极大的危险中（“人与人之间恰如狼与狼”——霍布斯）；之后是个体联合起来共同生活在一个社会中的阶段。从第一个阶段向第二个阶段转型的标志是社会的“公约”或“合同”。由此，人们决定放弃原有的一部分自由以便获取大家联合起来所带来的安全。

然而，阿兰·苏彼欧在《数字治理》（2015）一书中讲到，契约逻辑（作为“社会契约”这个概念的论据）为以后极端自由主义逻辑的蓬勃发展提供了框架。对极端自由主义逻辑来说，任何价值都可以由最能体现其真实性的价格来替换。

> 《法律与经济》这部“极端自由主义”学说的主体——“单子”，是以完全出于自身利益考虑的角度进行管理的。它只了解它与其他单子建立合同关系所涉及的相关法律……关于承诺的价值，它可以用成本-效益的平衡来度量。效率违约是“极端自由主义”理论所提倡的。根据效率违约，通过对效用的计算，当合同缔约一方得知赔偿缔约另一方比起执行合同对他更有利时，他便会不再履行承诺。(Supiot，2015：201)
>
> 承诺所产生的无法估量的价值……被货币价值所取代。(Supiot，2015：202)

在弗朗索瓦教皇于2015年5月出版的通谕《赞美你》第228段中，我们可以读到：“耶稣提醒我们：我们共同的父亲是上帝，他让我们成为兄弟。兄弟间的爱只能是无偿的，它永远不能成为其他人为我们所做的报酬，或他将为我们所做的预付。”当教皇告诉我们人类的手足情谊源于上帝是我们共同的父亲这个事实，从而根据最简单的逻辑关系得出我们之间是兄弟关系时，弗朗索瓦教皇正处于与传统政治观念完全不同的概念框架中。传统政治观念排除了将对这一观点最有说服力的解释建立在一种超自然力量基础上的可能性。因此，这两种思维框架很难达成妥协，也很难找到一个达成一致的切入点，甚至是不可能的。

因此，我们发现：亚里士多德学派提出的社会人是由人的本性决定的和天主教的人与人之间的兄弟情谊是因为我们有共同的父亲这两个观念被广泛认同。以上两个观念对人类的命运提出了积极的劝诫，可以扭转我们现有的经济体系在不可逆转的摧毁人类在地球上的生存条件的趋势。极端自由主义在现实中的应用将我们无情地推向深渊：在经过几个世纪不负责任的掠夺之后，利己主义的“看不见的手”无疑会导致人类的灭亡。因此，我们要让人类皆兄弟的观念取得胜利，无论这个观念是源于亚里士多德学派主张的自然原因，还是来自天主教宣扬的超自然原因，否则人类就会灭亡。

让我们再来看看弗洛伊德对人类的社会行为是如何解释的吧。虽然通过缔结社会契约来结束“自然状态”的假定无疑是一种富有政治思想的丰富虚构，但它没有任何的历史合理性。弗洛伊德在他后期的作品《文明及其缺憾》中阐述了这个观点，弗洛伊德式的心理学体系由此建立。

对弗洛伊德来说，人们为了获得安全而放弃了部分自由，随着人类文明的进步，人的原欲满足的牺牲越来越大：安全性越高，社会越人口稠集，原欲满足就越得不到实现。零和博弈正体现了这一点。

基于亚里士多德的“人天生就是政治动物”的观点，弗洛伊德的解释会变成怎样呢？人类的社会层面是由他的本性构成的。原欲满足的“牺牲”这个概念至少相对性很强，否则就没有意义：猿群标志性的等级制度在获得原欲满足与零和博弈时是有区别的。相对于特定的人群，无论何种政治组织形式，自由（或安全）形成一个不变量，只有民主制度（或独裁制度）才具有真正的意义。

与弗洛伊德的解释相反，亚里士多德在这个问题上的观点是：由于人的社会属性，我们每个人所受到的精神及思想上的影响和控制，在整个人类历史上会形成一个相对恒定的感知。

真正的敌人：边沁的功利主义

电影《星际穿越》的背景是一种激进的无神论。当然，它有一个好莱坞式的结尾：鬼使神差地最终一切得到解决，这看似十分随意，实际上却是人为的；但这需要调动大量的资源，由此我们可以联想到在现实世界中事情会复杂得多。

无论什么时候，上帝都不会伸出援助之手，也不会以任何形式加以干预。当事情开始得到解决时，我们对可能发生的情况产生了一种心理暗示：是躲在某个角落里观察我们的外星人向我们伸出了援手。但我们很快发现事实并非如此。其实，那只是我们十分熟悉的人，从未来穿越到现在，充当着拯救者的角色。正如某著名政治家说过的那样，这部电影告诉我们：我们只能依靠自己的方法，凭借自身的努力才能从困境中解脱出来。我们只有挽起袖子大干一场，才能真正摆脱困境，这是一个有力的建议。

在这个具体问题上，我们有理由考虑梅纳德·凯恩斯（Maynard Keynes）的一个观点。当他还只是在著名的伊顿中学就读的年轻学生时，他已经开始思考一些根本性的问题。他确信宗教是敌人，宗教构成了最大的危险，因为宗教导致杀戮。我们不仅可以从历史书中读到这一事实，即使在当前我们也仍能看到相关报道。之后，他的想法发生了改变：他开始思考。他与弗吉尼亚·伍尔芙（Virginia Woolf）的一次讨论在他思想的演变过程中起到了至关重要的作用。弗吉尼亚·伍尔芙在她的日记中对此做了记载：他逐渐地意识到主要的敌人也许不再是宗教。为什么？因为在一神论宗教之下隐藏着一种道德规范；而在其他任何地方，这种道德规范都不会以同样自发流露的形式存在。因此，对于宗教，如果我们把孩子和洗澡水一起倒掉，我们就不合时宜地丢掉了一个应该保存的重要元素。我们应该好好保留的部分就是个人道德和伦理。

凯恩斯的思想继续演变，最终他得出结论：尽管我们可以对宗教做出很多很有道理的指责，但真正的敌人却在其他地方。凯恩斯称真正的敌人是“边沁的功利主义”，而现在我们称之为“极端自由主义”。我习惯将“商业世界的本体哲学”这个世界性的概念刻画为商人的原发性理念，在圣经中，它还有另一个名字：金牛犊。

梅纳德·凯恩斯和弗吉尼亚·伍尔芙确信敌人是算计的心态。

在“经济人假设”的前提下，经济人面前有一堆他珍爱的黄金；那么他生活中唯一关心的事就是根据边际效用的计算结果决定他该怎么做：怎样用他的黄金买东西，或是如何在投资中分配他的黄金，或是开心地坐在这堆黄金上享受资本带给他的安全感。他竭尽全力要完成的任务就是不断地增加他拥有的这堆黄金的数量。

由此凯恩斯发现真正的敌人正在于此。这不是针对杰里米·边沁（Jeremy Bentham）本人，我们应该强调指出，边沁本人属于进步派，他是妇女选举权、废除奴隶制度和废除死刑的支持者。而且他也是一个和蔼可亲的人，与他谈论日常生活中的问题也是一种享受。然而，边沁提出的只有唯利是图的人生哲学才能使我们生存下去的观点显然带来了相当大的危害。受其影响，出现了路德维希·冯·米塞斯（Ludwig von Mises）学派、弗里德里希·哈耶克（Friedrich von Hayek）学派、穆瑞·罗斯巴德（Murray Rothbard）学派、自由主义的领唱者以及美国茶党运动的极端保守派；一句话，他们都是金牛犊掌权下的使徒。宗教也被重塑成每天的成本计算，被挑选出来的人都来自贵族阶级。这些人像鲨鱼一样，无所顾忌、不择手段，从而成功地赚取了大量金钱。他们一生中唯一的目的就是赚钱。这才是真正的敌人，也是凯恩斯与伍尔芙的谈话中精确涵盖的思想及得出的结论。

宗教还是无神论：孰是问题的解？

宗教形成了个人道德和伦理，但它们是有缺陷的。因为由宗教形成的个人道德和伦理不可避免地会得出这样的结论：世界上存在两种人。有些人，例如我们自己，遵守神圣的禁令；而另一些人设想自己遵守神圣的禁令，实际上却完全违背它们。在这种情况下，这些人所“遵守”的禁令实际上是来自拿上帝作为幌子的恶魔之手。

上帝总是与我们同在，因此我们总能得出这样的结论：如果上帝存在，他会保佑“善良”的人们，也就是我们。这也为我们除去那些不信和不忠于上帝的人——那些“异教徒”——提供了又一个理由。

现有的宗教和极端自由主义的“金牛犊”都不能拯救我们。那么我们应该求助于谁呢？

这里，我们要再次接受梅纳德·凯恩斯的观点。凯恩斯认为解决我们问题的根本在于无神论宗教。他认为能够拯救我们的是一种宗教：一种能够将我们凝聚在一起的力量，但它是无神的。这样使用语言并没有给凯恩斯带来特别的麻烦（Keynes，［1925b］1931：253）。

克劳德·昂利·圣西门（Claude-Henri de Rouvroy，comte de Saint-Simon），早期三大空想社会主义者之一，确信：只有通过一种宗教才能将我们团结在一个理想的周围，才有可能掀起一场真正鼓舞人心的有效的运动。

即使是宗教，也需要为鼓励人们拥有坚定不移的信仰提供一个动机。在宗教里，我们把口号或座右铭称作“信条”。

信条旨在严肃并自豪地宣称：“拯救人类是最崇高的任务，为实现这个任务我们要尽全力、全身心地奉献！”实际上，没有任何的巧妙推断能给这个断言提供合理的论据。在基督教信仰的意义上，这个信条的基础被称作“奥义”，即一个因为无法理解而难以接近的真相，同样的例子还有“三位一体”的奥秘。

那么，在没有任何有效论据支持的情况下，是否还要宣扬一种关于人类生存的无神论宗教呢？为什么必须拯救人类还是一个谜，因为迄今为止，以人类固有的品质还不足对这个问题产生如此多的关注。不得不承认，在这种背景下要拯救人类，是对未来的一个纯粹的赌注。

我们有苏格拉底、亚里士多德、莎士比亚，还可以列出更多的人：列奥纳多·达·芬奇（Léonard de Vinci）、爱因斯坦（Einstein）、维特根斯坦（Wittgenstein）。在这些名字上，我们可以加上令人瞩目的科技成就：比如说，使我能重见光明的白内障手术。在太阳系范围内，我们曾经做出过一些引起轰动的惊人的成就，譬如几乎各方面性能都超越了人类自身水平的机械的发明，这在宇宙中的其他地方是从未曾实现过的。然而，我们仍旧不善于区分善恶。可以说“必须保证我们这个物种的生存”这一观点正好符合了宗教“信条”所宣扬的，也为拯救人类的原因——这个难以参透的谜——找到了答案。我们别无选择，只能这样进行解释。这种解释不像三段论那样是环环相扣的严谨推理结果，而更像一个教义，信或不信由你。

然而，我们必须这样做的原因就像圣经中所说的那样简单：因为这与我们息息相关，而不是因为我们在某些方面是最好的，只是因为我们本身，因为我们生来就是这样的，我们的孩子是人类，我们本身也是人类，我们喜欢的人——我们的父母和朋友也是人类。还因为尽管机器人可能很好，但只要看看引人入胜的电视剧《真实的人类》（2012—2014），你就会确信这个难题不会在我们身上结束。我们会看到，极其逼真的机器人会成为我们的翻版，它们在各个方面都展示出我们的形象。这些机器人与它们的榜样——人类——棋逢对手。由此可见，从人类到机器人的进步并不像我们所想的那样显而易见。

我们下定决心拯救人类这个物种了吗？我们能做到吗？

如果绝大多数人都同意确保人类物种生存的政策，那么这个政策会顺利实施吗？

让我们回忆一下吉伦斯和佩奇的题为《美国政治的理论检测》（2014）的论文。鉴于我们的民主制度类型，这两位美国学者的发现在欧洲也是很奏效的。该论文指出，当代表我们所有人利益的维权团体——譬如工会或消费者组织——进行干预的时候，它们不会比代表公司利益的维权团体维护更多的公共利益。它们所维护的是与它们通过某个特定角度确定的“世界”相关的利益。

吉伦斯和佩奇的论文表明了我们的系统不是一个可以根据政治机构（如议会或参议院）的决议做出改变的系统。因为这些机构维护的不是大多数人的利益，而是由商业界确定的少数人的利益。

吉伦斯和佩奇的发现会使凯恩斯提出的“为获得结果要强烈大声地说出真相，即使有点缓慢，但最终会奏效的”口号变得无效吗（Skidelsky，1983：xxvii）？当然！通过阅读这两位美国学者的研究成果，我想要重新思考我写这本书的方式了。到目前为止，在这本书的创作过程中我所采用的语气都是这样的：“好了，朋友们，我们知道该做些什么了，让我们一起愉快地行动起来吧！一切只是工作热忧的问题。”

很可惜，这行不通，因为有与我所维护的利益相反的利益存在。那些不想让我的想法实行的人，他们掌握着更可观的资源，这使他们的观点更容易得到认可。

既然这行不通，那我还能做些什么呢？我对扭转形势已不抱任何期望了。所以，与其呼吁大家“让我们挽起袖子大干一场”，不如取而代之：“这就是我们目前的处境。如果我们继续沿着当前的方向前行，悬崖就在我们面前，这意味着人类物种的灭绝。也许一百年以后在一些零星的区域还有人类存在，但像现在这样拥有几千万居民的超大型城市不会再出现了。”

我注意到：在我们所居住的城市中，停电三天意味着水龙头中也没有水了。像我们所在的这种大型城市中心实际上是极其脆弱的，它们在非常短的时间内就可能遭受很大程度的破坏。

坦率地讲，我们人类显然没有为面对人类物种灭绝这样的危险做好准备。我们有思考能力并可以充分发挥三段论的全部作用来支持我们论据的有效性，但是我们排除这种性质的危险之能力并不比当年面临自身灭亡时的恐龙强多少。我们不是不知道应该做些什么——实际上我们知道得十分清楚——但处于普罗大众和适当决定之间的君主无意对这个问题给予任何关注，因为他所全神关注的是另一个任务：继续执政。而且，如果我们让君主以他现在处事的方法来解决这一问题，那肯定是一场灾难!

正如您将看到的，我的书并没有给出一个真正的结论。我的用意是说明这个被称为“人类”的物种存在过，他们是这样生活的。对于两三代人（根据物理学家、化学家、古生物学家等的计算）之后将要面临的物种灭绝的威胁，他们既没有在心理方面也没有在构成其环境的社会运行方面真正地做好准备。

人类不只是对自身物种的灭绝没有做好准备，实际上他们并没有做准备的意愿。也许如果能确保做好准备可以给他们“带来收益”，他们就会去做。现在我们必须做出选择：去认真面对还是继续无视人类物种的灭绝。我只是实事求是地写出事情的真相，我只是将此刻发到手的牌摊开来。我并没有试图去说服那些将我们带向悬崖的“社会精英们”，只是想让他们知道“这就是问题所在”。然后我会转向公众：“如果我们不改变方向，如果我们继续沉溺于各种小把戏而不去思考，继续自愿被束缚，这将不会给我们带来什么改变。而你们，各位当选者，这样毫无魄力的竞选，实在是令人失望。大幕就要落下，因为演出即将结束!”

当然，可能出现这样的情况：只有机器人才会知道是我们的“社会精英们”阻止我们在适当的时机通过实现一个伟大的转折来拯救人类物种。在机器人所著的书中，记载着几个受到行家赏识的孤独的预言家，他们反对以这种可怜的方式来结束人类，因此他们会为之呐喊，并努力地在以强有力的合理论据来证明这一点。但实际上，这是源于他们对人类的一种眷恋之情：因为他们所喜欢的人类和他们自己一样都是这个世界的一部分。这就是全部。

第五章　为人类哀悼？

如果世界不止一个？

1957年，休·艾弗雷特三世（Hugh Everett Ⅲ）在普林斯顿大学进行他的物理学博士学位论文答辩时对量子力学进行了阐述，但他的观点却被忽视了，以至于他很快就离开了学术界。然而他的诠释从学术上讲比其他与之处于竞争地位的理论更令人满意，因为他消除了由量子力学所揭示的荒谬事实形成的谜团。

在传统的解释中，一个粒子的几种可能的态在波包中叠加，波包以随意的方式缩小，这将有利于其中一种态，而淘汰其他的态。在艾弗雷特三世被称为“多世界诠释”的阐述中，每一种态的最初叠加都可实现，但由于它们是不兼容的，一个这样的物质化过程只能在不同的物理宇宙中实现：最初叠加的分解是在平行的宇宙中通过裂殖生殖实现的。换句话说，我们所生活的宇宙，就像持续不断喷射的烟花，不断更新。从任何一个确定的时间点开始，历史都是以树状结构发展的。

用物理学家迈克尔·普莱斯（Michael Price）的话说：

> 根据多元宇宙的假设，一个量子相互作用的所有可能的结果都会实现。波函数并没有在观测时减少，而是以决定论的方式继续发展，覆盖了它所有的可能性。所有这些结果都同时存在，但它们之间却不再互相干扰。它们分散在许多完全真实但彼此无法互相观察到的宇宙中，这些宇宙构成一个整体。(Price，1994−1995)

在《为什么我们像猫一样有九条命》（2000）这篇文章中，我们以这个诠释所得出的结论为基础尝试分析一个活着的人在持续分裂的宇宙中的状态。我要强调指出，我们偶然发现一个叠加状态，在其中一个宇宙里我们已经死亡，而在另一个宇宙里我们还活着。我们完全忽略了正在发生的现象。我们认为自己的意识一定是存在于我们还活着的那个宇宙中。在我们死去的那个宇宙里我们认为自己的意识立即消失了。

出于对这个逻辑必然性的关注，我只想重新检验一下由埃尔温·薛定谔（Erwin Schrödinger）设计的著名的思想实验。在这个实验中猫处于生与死的叠加状态。当猫活着的时候由它的意识可以得出结论：猫处于活着的状态时，猫能感觉到它活着；而当猫处于死亡的状态时，它永远也不会有任何感觉了。

我在2000年发表的这篇文章中写道：

> 在20世纪30年代埃尔温·薛定谔设计的思想实验中，一只猫的生或死取决于打碎的一小瓶氰化物，而这是由量子的衰变（波列的减少）所决定的。这种量子衰变的概率是二分之一。猫同一时间在两个宇宙中分别处于生存和死亡两种状态，但这两个宇宙之间是相互分隔的。因此，这只猫在两个相互分隔的宇宙中既是活着的又是死去的。

因此，任何一个经历过在两个叠加宇宙中同时生存和死亡的主体都是对此无动于衷的，没有任何的知觉。他的意识只依附于其中一个宇宙，也就是他生存的那个宇宙。当然，某些濒临死亡状态而脱险的人叙述的经历是对物理世界真实分裂的一种体验描述。我记得这些人声称他们体验到了意识飞离他们正在生死间挣扎的躯体的感觉。当他们苏醒过来时，这种默想被突然打断，也就是说，在那一刻他们感到自己的意识又重回体内。

任何一个有生命有意识的物体在它处于活态的那个宇宙里都能主观地感觉到自身的存在。这就是为什么我给我的文章命题为《为什么我们像猫一样有九条命》。我们的知觉意识在一生中可以积累一些近乎奇迹的生存经验，只要我们的身体能够成功地抵抗由衰老带来的不可避免的损坏。我写道：

只要还有一个我可以存在其中的宇宙，我的意识就会继续与之发生联系，这样我就总能存在于多个宇宙中对我来说最好的那个，在那个宇宙中我依然活着。

既然如此，赞成休·艾弗雷特三世的量子力学理论会使我的观点有所改变吗？事实上，不会。因为即使我们每个人都生活在对他来说最好的宇宙里，但对于每个单独的宇宙来说都无法形成一个整体意义。相反，所有宇宙组成的总体才能形成一个整体意义。要知道，从每一个时间点 t 开始，所有的可能性都会实现，但是每一种可能性只能以它单独的特有路径来实现。

无论我们谈论的是哪个宇宙，如果人类都像不负责任的殖民者那样无法控制地对其环境进行掠夺，那么结果都是一样的：灭绝。不幸的是，支持量子力学的这个观点还是那个观点，都不会使情况有任何改变！

后记：如果休·艾弗雷特三世为我们提供的量子力学理论是正确的，如果我所提供的关于我们生活在生或死状态的相互分隔的不同世界中的解释也是正确的，那么实际上我们已经生活在那个对我们个人来说最好的宇宙里。这真是妙极了！就像在保罗·范霍文（Paul Verhoeven）1990 年的电影《全面回忆》中，“全面回忆”公司使它的客户们想过上一种时刻惊险生活的愿望成为可能。但客户们却无法知道“全面回忆”公司是否欺骗了他们，也无法猜到能将他们瞬间卷走的狂风正是他们所购买的产品。

大自然不会解决自己的问题：它稍后会重新尝试，仅此而已

我们应该知道大自然不会以任何方式来帮助我们。大自然才不在乎我们呢，不要指望它赶来拯救我们：它经历过其他物种的灭绝，并对此漠不关心。

大自然不会去解决出现的问题。在它的冷漠中，它会淘汰掉一切行不通的并在以后重新开始，因为它在像地球这样的行星上的繁茂是理所当然的。古生物学向我们揭示了：一旦大自然以新的方式创造生命的尝试失败了，它并不坚持；它会在几百万年后重新开始尝试。无限的时间和空间完全由它掌握。

只要一些基本粒子相互吸引，突然聚集在一起，就没有任何让它停止的因素，大自然随时准备好踏上新的探险征程。正如黑格尔所说：大自然可能在一些战役中打败仗，有些甚至是重要的战役；但它不会输掉整个战争，因为它就是“存在”。而我们为了辨识自己才将“存在”区分为时间和空间。

如果有一天我们消失了，大自然还会再次创造我们吗？不会。因为大灭绝之后是新的开始，一切都会孕育出新的萌芽，由此可能

产生的组合的数量几乎是无限的。

上帝不在我们的身后，也许在我们的前方

生命活动是极其复杂的。它会给自己确定一些目标并且通常能够实现这些目标。生命活动不一定会产生进化的终极形态。未来的道路还没有指明。

物种的持续存在是以构成这个物种的个体的不断消亡为代价的：我们是不会永生的。赫拉克利特（Héraclitéen）式的汹涌波涛一路奔流却没有特别的目标。它并不是上帝创造的。不要轻信“受造物”一词：它不意味着在某个地方存在着一个真正的“造物主”。相反，古生物学研究清晰地表明：没有任何智能设计来支配生命活动，尽管我们可以观察到一些极其复杂的结构，但显而易见，这并不是来自预先进行的设计。

我在《危机》一书中写道：

> 在人类出现之前，大自然还无法利用类比。它只是靠探索伸向不同岔路的通道来发展，但这些岔路是不可逆转的、相互独立的，彼此之间不能相互影响。在每种情况下，从最简单的形式到最复杂的表现，即使再次遇到与某问题类似的问题，而这个问题唯一的解决方法已在某处被发现，大自然都必须完全

> 重新寻求该问题的解决方法。头足类软体动物章鱼的眼睛与高级进化的哺乳动物的眼睛十分接近，但二者之间并不存在相互模仿和借鉴的关系：形成这两种生物的系统发育是永远不会交汇的。(Jorion，2008：321)

在陨石撞击或凶猛的火山喷发造成生物物种的大规模毁灭后，大自然从零开始重新上路：它不会再使用以前用过的方法。章鱼的眼睛是很古老的，但相比于晚它2亿多年出现的另外一个生物分支——哺乳动物人类——的眼睛设计更精妙。我们人类的视网膜毛细血管是在我们的视野范围内，我们对所捕捉到的图像进行再次成像时要忽略这些毛细血管的存在。哺乳动物的神经分支处于视网膜前方，使视神经必须出现在视网膜表面，这会导致盲点的产生。而章鱼的视网膜毛细血管则通过视神经位于视网膜的后方，对视野没有丝毫影响。

由于在宇宙结构不同层面中新兴机制的出现，我们不能从纯物理过程中先验地推断出化学过程，也不能从化学过程中先验地推断出生物过程。

有一些文化，特别是我们自己的文化，想象出造物主。造物主是我们出现在地球上的首要原因。我们是一个或几个造物主的受造物。造物主就在我们周围，它们的存在无法证实。但是没有什么能阻止我们认为也许某一天大自然能够产生与我们想象中更接近的神。

智能设计在大自然中是不存在的，但它却是人类文化所特有的。智能设计形成了生物过程之后的又一个步骤，在时间上紧随其后：

> 人类（在物理、化学、生物的基础上）又加上了第四个层次：智能设计。它不存在于大自然中。智能设计能更好地利用类比。人类智慧的特点正是它运用类比的能力，它是能从完全不相关的现象中识别出类似形式的才能，尽管这种识别通常需要在极其抽象的情况下进行。(Jorion，2008：321)

然而大自然的再创造是无穷无尽的。(仅在软体动物眼睛的形成中，我们就能列出 7 ~ 10 条不同的进化路线。)

> 相反，人类使原本互不相关的发明创造可以互相借鉴；一个产品是许多构思、想法的综合产物，人类会重新利用一个产品中好的点子。比如，在单簧管基础上发明的萨克斯：发明家们在完全不同的道路上进行自己的研究，但他们毫不犹豫地借用由其竞争对手发现的一些解决方法来进一步完善自己。萨克斯的最终形成是各种不同方法的汇集和融合。如果说人类超越了大自然，那是因为人类是唯一能进行智能设计的。如今，人类既是造物主也是受造物，但他是存在于大自然中的，而不是像超自然力量那样存在于大自然之外。据我们现在所知，人类

是唯一具有智能设计这个能力的物种。在其他地方或是在物理学家所讲的平行宇宙里也许有其他生物拥有这个能力，但我们对此一无所知。当我说“人类”的时候，我指的当然是所有那些能够超越它们所在的大自然的物种。(Jorion，2008：322)

随着人类而出现的智能设计是复杂化进程的一部分。由此我们可以想象：那些被我们称作“上帝”或者“造物主”的神话般的人物也许在将来会出现，虽然也没有什么能见证他们曾经存在过。在十万年或许一百万年以后，他们会出现在我们前方遥远的地平线上，对此我们不得而知。上帝是我们自身的投影，他是变幻莫测的，因此以人类目前的水平还不足以了解他。

人类这个物种的出现是无法被预言的，人类文明将自然过程扩展到远远超过简单的物理化学进程所能实现的水平。同样，在地球表面还只有氨基酸的时代，也不能排除生物进程在以后会产生出一种绝对全新、史无前例的现象，正如我们可以在不同层次的宇宙结构中所观察到的那样。而人类已经将生物进程延伸到了他们所发明的智能设计领域。我们错误地认为造物主早于我们出现，以及他的意志是我们这个世界的成因。实际上，上帝出现在人类诞生之后。换句话说，上帝并不是我们这个宇宙的第一原因（亚里士多德所说的“动力因”)，只是我们为了使自己安心而想象出来的，就好像告诉我们在我们的飞机上自始至终都有驾驶员。上帝实际上是这个

“自我实现”的宇宙的一个结果，也就是亚里士多德所说的“目的因”，宇宙进化的过程不可避免地趋向于此。

这当然是不合常理的现象。如果人类的灭绝是可能的，上帝就是一台机器。无疑，上帝不同于那些我们直接创造出来并十分了解的机器，因为我们还缺乏足够的想象力来发明一台真正的“上帝”机器。但很有可能上帝是由其他机器——那些我们在绝唱中制造出的机器遥远的后代——创造出来的机器。

提供给我们的选项

在我们面前有几个选项。在这里，我们还不能用“选择”这个词。尽管我们具有对不适应的状况进行自我调整或对不足之处做出改正的能力，但在我看来，我们做出怎样的决定本质上取决于我们是什么样的人。

第一个选项：认为人类即将灭绝的假设是海市蜃楼，因而忽视它。第二个选项：认为这个假设是真的却毫不在意。第三个选项：认为这个假设是真的并且应该做些什么来应对即将发生的状况，譬如征服其他星球，而且由于情况十分紧急，我们要采取加速模式。第四个选项：认为这个假设是真的但没有什么能做的了，只能为人类哀悼。

为人类哀悼

弗洛伊德在《哀伤与忧郁》中写道：

> 值得注意的是，虽然哀伤与正常行为有严重的偏差，但我们从来不认为哀伤是一种病理状态，并委托医生治疗。我们指望经过一段时间后它就会被克服。我们认为扰乱哀伤是不适当的，甚至是有害的。(Freud，［1917］1986：147)

尽管在当今时代，得知某位医生开药来“治疗”哀伤，我们几乎不会感到惊讶，就好像这正是一种适合用药医治的疾病。今天我们用同样的方法来治疗因为失去工作所导致的悲伤甚至绝望，仿佛这种悲痛与麻疹是同一类型的疾病。

但无论如何，我们认为这是正常的：一个痛失亲人的人是极其忧伤的，在一段时间内他会对一切都失去兴趣。萦绕在脑海里的还是四目相对时目光的交汇，还有那么多的话要对逝去的人讲，但也只能留在心中，哽在喉咙里。是啊，这太让人难受了。弗洛伊德说我们应该学着将这些压抑的目光和言语留给仍然活着的人。当我们不能在现实生活中将这些目光和言语传达给其他人时，更应该学着将它们留给自己：我们可以把它们转变成谈话和散步以及个人遐想的内容。

雅克·拉康讲到要将哀伤放在一个“实存的空穴中”，要学会将我们以前在现实中处理的事情换位到想象中来。即使哀伤还是哀伤，就像失去的爱情注定是失去的爱情，但在这种必要的换位中，哀伤会得到缓解。我们无法治愈它，而是会慢慢习惯它，就是这个细微的差别！

如果缓解哀伤的任务失败了，我们将陷入病态的哀伤。一个妇人轻摇着怀里的玩具娃娃，就像那个玩偶是她夭折的孩子一样，她没有陷入一种忧伤的遐想，而是停留在现实中。正常状态的哀伤是一场戏剧，而病态的哀伤则将这场戏剧转化为悲剧。

在《星际穿越》这部电影上映的时候，我确信“随着这部电影的上映我们人类对自身的哀伤开始得到缓解”。实际上，这部电影告诉我们：只要我们尽快发现一个适合居住的外星球并迅速将它占领，人类这个物种的灭绝就可以避免。这只是一个好莱坞式的方法，目的是使我们明白对于我们而言，一切都木已成舟。看完电影后，有的人会问自己如何才能真正实现在五十年后和他的女儿在十五维空间进行交流。（我已经将情况简化了！）有这种想法的人已经陷入病态的哀伤。正如我所说的，他想要将应该局限在想象中的东西拿到现实世界里实行。

“不要藐视任何东西，但也不要去模仿在我们之前所发生的事情”

黑格尔认为：每个人都出生在属于他的时代。“生不逢时”在现实中是不被接受的。我们每个人都是在我们到来之前整个人类历史进程的产物。因此，我们完全适合生活在我们所属的时代，无论这个时代是什么样子的。当然，我们可以厌恶它，我们也可以断定在我们周围所见到的一切都是糟透了、令人生厌的。如果我们相信尼采，我们可以这样描述我们的时代，就像西勒诺斯对人类说的话一样：“你们最好是不要出生!”然而一旦出生在这个世界上，我们就拥有了掌管我们所处这个时代的这个世界所需要的一切。

虽然有些时代是完全严密协调并且相对和谐的，但另一些时代却处于转型变革之中，组织机构的形式僵化，不再适应当前这个时代了：

> 这“精神”依然潜伏在地面之下，还没有达到现实的存在；它冲击着外面的世界，仿佛冲击一个外壳，把它打成粉碎。(Hegel，［1822－1823］1965：121)

在约·霍夫迈斯特（Johannes Hoffmeister）对黑格尔在1822—1823年间所讲授历史哲学课的重新辑录本《历史之理性》中，黑格尔所认可的“伟人”是完全明白人民的思想、了解他所处的时代并明确知道人民命运的人：

> 权利在他们那边，因为他们有自知之明：他们知道什么才是他们所处的时代和世界的真理。……他们最先指出人类想要什么。（Hegel，［1822－1823］1965：122－123）

黑格尔认为伟人只有三人：亚历山大、恺撒大帝和拿破仑。1806年10月13日，黑格尔在耶拿的那场著名战役的前夜亲眼见到过统领军队的拿破仑。于是他在给他的朋友尼特哈默尔（Niethammer）的信中写道：

> 我看见拿破仑，这个世界精神，在巡视全城。当我看见这样一个伟大人物时，真令我发生一种奇异的感觉。他骑在马背上，他在这里，集中在这一点上他要达到全世界、统治全世界。（Hegel，［1785－1812］1962：114－115）

当然，要彻头彻尾地改变世界，伟人也难免会粗暴地对待这个世界。

> 伟大人物毫无顾虑地专心致力于“一个目的”。他们可以不很重视其他伟大的甚或神圣的利益。……但是这样魁梧的身材，在他迈步前进的途中，不免要践踏许多无辜的花草，蹂躏好些东西。（Hegel，［1785－1812］1962：129）

但这些“伟人”也行将就木。黑格尔认为,“伟人”将他们希望改变的写进法律,也将他们出现在人类历史中的原因记录下来。一旦这一切都完成了,他们就被推翻了,因为他们已经成为暴君。

> 当他们的目的达到以后,他们便凋谢零落,就像脱去果实的空壳一样。(Hegel,[1785-1812] 1962:124)

半个世纪后,尼采就黑格尔对伟人的看法做出评论:

> 人们普遍认可伟大人物是真正的时代之子,时代的衰落给他们带来的痛苦远比带给一般的小人物的强烈得多。伟大人物与他们所处时代的抗争似乎只是对他自己的一场疯狂的攻击和摧毁。但只是看上去是这样。因为他面对的是他所处时代中阻碍他成为伟大人物的方方面面,这意味着,他将成就一个真正完全的自己。(Nietzsche,[1873-1876] 1997:145)

当然,如果有人因为真正了解他所处的时代而变得“伟大”,那是因为这样的才能是很罕见的。我们经常试图以我们对以往时代的了解来解释我们所处时代所上演的一幕幕。例如,1789 年法国大革命的革命者就常常以古代英雄面临困境时的做法为他们自己走出困境提供参照。同样地,我们也以 20 世纪 30 年代的危机或黄金三十年(1945—1975 年)的史实为鉴来解释我们当今时代所发生的事件。

1792 年 11 月 13 日,圣茹斯特在国民大会对路易十六做出审判的演讲中说：

> 某天我们会为如下事实感到震惊：处在18世纪的我们比在恺撒大帝时代还要落后。暴君在元老院被杀死，除了被刺了二十三刀以外没有任何其他的程序，除了罗马法没有任何其他法可依。（Saint-Just，2004：476）

有朝一日，人们会惊讶于18世纪的人还不如恺撒时代先进。那时候暴君在元老院被人杀死，除了二十三刀之外，没有其他的程序；除了罗马的自由之外，也不用依据其他的法律。

他还提出：

> 努马的法律当中没有任何可以审判塔尔昆的内容，英国法律里也没有任何可以用于审判查理一世的内容，审判他们是根据人权。击退武力就要用武力，我们要击退外国人、敌人。（Saint-Just，2004：482）

1794年4月15日，圣茹斯特在以公共安全委员会和一般安全委员会的名义所做的报告中，提到了卡提林纳（Catilina）的两个阴谋以及恺撒大帝被布鲁图斯（Brutus）和卡西乌斯（Cassiu）所谋杀。借此他警告说：虽然如果古代的事件会使我们对原则做出思考，但它们是完全不适合用于我们当今行动应该采取的方式的。

> 不要藐视任何东西，但也不要去模仿在我们之前所发生的

> 事情：英雄主义是没有范例的。(Saint-Just，2004：763)

人类的灭亡真的能形成一种进步吗?

黑格尔《历史哲学》的第一部分，是由约·霍夫迈斯特——黑格尔在柏林授课时的学生——所做的笔记，标题为《历史之理性》。尽管各种众多的意外事件会使我们对理性的发展产生怀疑，但我们仍然可以看到理性在发展进步。理性的发展是不可避免的，但是我们要牢记这个过程只能在历史范围内被解释。

黑格尔自问：

> 在整体运动中能不能找到一个终极的目标?摆在我们面前的问题是：要知道，在这喧闹背后，在嘈杂的表面现象背后，会不会有一个静默的秘密的内在使命；在这里蓄积着现象的动力，一切都有益于它，一切对它有利的都会来临。这就是第三类范畴，理性的范畴，自身终极目标意图的范畴。(Hegel，[1822－1823]2009：126－127)

理性是一种积极的力量。它实现了世界精神；它是目的因，是世界精神前进的方向；它是使世界的潜力完全转变成行动和现实的一股隐藏的力量。

令人惊讶的是：理性会通过个体来实现它的规划。个体是理性的载体，但他们并没有意识到自身在整个框架中所真正扮演的角色。这些理性的代言人甚至有时候会无可奈何地认为他们做了与历史使命引导他们该做的恰恰相反的事。

让我们再来看看黑格尔是怎么说的：

> 一般来说，在世界历史上，人类活动可以达到他们确定的目标，满足他们立即想要知道的和得到的；除此以外，人类活动还会引致其他一些东西的产生。人类实现了他们的利益，但是还有其他的东西在内部继续产生，这些东西在他们的意识和意图中却是不曾有过的。（Hegel，［1822—1823］2009：72）

也就是说，这个潜伏在地下的过程逐渐展开，即使是实施它的人也不知晓；用黑格尔的话来说，这就是“理性的狡计”。理性充分发挥了它的作用，无论人们怎样去自我分析，它最终通过人们在这个世界里实现：“这可以叫做理性的狡计，它驱使热情去为它工作”（Hegel，［1822—1823］2009：129）。

黑格尔的论文有一定的合理性：尽管以往乃至如今还有一些令人生厌的情形，但我们还是可以看到人类历史的进步。当我们反对在某些文化中实施阉割的时候，我们会谴责他们说：“幸好我们不这样了！”当我们无耻却满心喜悦地痛斥和谴责某些实施丑陋习俗的文化时，看看我们自己，在几个世纪甚至仅仅二十年前还有同样的习俗。

这就是说，我们刚刚被黑格尔的论据说服，他在 1822—1823 年的授课中就提出了令我们不安的观点：

> 为了了解历史之理性，或是为了理性地了解历史，说实话，应该使自身具有理性。(Hegel，[1822−1823] 2009：127)

他还提出：

> 首先，我们应该知道什么是合理的。不知道这个，我们就无法发现理性。(Hegel，[1822−1823] 2009：128)

因此，不是历史实现了理性，而是我们在历史的发展中读到了理性；由此，我们可以理性地启程。苏格拉底的一个信徒（更确切地说，亚里士多德的一个信徒）能够从历史中读到的理性远远超过了历史中真实存在的理性。

黑格尔指出：无论理性是否存在于历史中，重要的是我们必须从历史中读到它。

> 假如我们没有理性的概念、理性的认识，我们至少应该坚决地、不可动摇地相信理性确实是存在的，并且相信智力和自觉意志的世界，不是偶然随便，落花飘蓬，却是必须在自我认知的“理念”之光照中彰显它自己。(Hegel，[1822−1823] 2009：128)

为什么我们应该看到理性在历史中的作用呢？因为关于理性会

在历史中实现的假设给我们带来了希望，因为如果我们看不到理性在历史中的作用，我们将会失去理智。

人的一生是匆匆而过的，我们周围的一切似乎总是急着到达终点。或许人类灭亡的现象与理性在人类历史中的发展进步并不是相互矛盾的，但也不排除正是理性的运用加速了人类的灭亡。

我们的现代科技中有一部分是应用科学方法的结果，也就是说，对苏格拉底理性的运用，另一部分则来自实验和误差的纯经验论方式。唯一有益的技术是通过反复实验得来的，另一种来自应用科学的技术则是有害的。实际上，如果没有事先的理论发展及理论的应用，那么原子弹的发明是根本不可能的。火药是由中国人发明的。但是，在古代，中国人拒绝基于模型的任何理论思考。换句话说，在他们的文化领域，火药必然是通过反复实验和错误的经验发展起来的。

理性是科学之母，因此也是应用科学之母。理性是我们与一切生物由急促前进向迅速灭绝转变的原因。但是，发明是另一回事；发明出的新事物仍然需要传播。由此看来，危险技术的责任更确切地落到了我们经济体系的身上：一项发明能否有未来取决于这项发明是否有市场。任何一项能找到购买者的新发明——无论购买者出于何种动机——都会成交；这项发明就会自动地传播出去。

如果在不久的将来等待人类的是它的灭亡，那么历史之理性的论题会怎样?

有两个选项摆在我们面前:

第一个选项:历史之理性是世界精神的实现。理性是人类所特有的;如果只在人类世界中才能有这样的构想,那么人类的消亡必定会使历史之理性这个论题变得无效。事情就这样结束了。我们出生在这样一个时代:我们似乎要经过很长的时间再回顾时才能觉察到某种进步;因此我们承认历史之理性的假设是有一定合理性的。

而第二个选项是这样的:人类的灭亡完全出乎意料地符合了"历史之理性"所赋予我们的角色。这只能说明一件事情:我们人类的灭亡实际上代表了实现世界精神中的进步。在这种情况下,"理性的狡计"就在于我们只是其他事物到来所借助的一种方法或手段。但我们同样实现了世界精神。智能机器实际上形成了理性变化的下一个阶段,因此它们是人类在消亡后的延续。自相矛盾的是,在这样一个机器不断进步升级最终实现统治的世界里,人类灭亡的必然性是不容置疑的,但这对人类来说实际上是得到了解放。在一个支离破碎的世界里想要修复一切——在这种虚荣心面前,所有人的希望都被剥夺,希望变得无用,最终破灭了。但是,由于消失的是人类的疯狂世界,幸存者就没有必要在我们命运的具有欺骗性的表现中来寻求安慰了。换句话说,他们不必像我们这样为了生存而背负着沉重的负担。

人类的使命是迎接智能机器的来临吗？

为人类哀悼可以有几种方式：要么是认为在人类消亡之后剩下的只是一大堆的机会，可悲的是绝大部分机会都被错过了，这些机会曾给我们带来巨大的希望；相反，我们也可以认为，从某种角度看，人类可以确信完成了自身的任务——这正是马丁·里斯（Martin Rees）的观点。

马丁·里斯是自1675年以来第十五位英国皇家天文学家。这个职位是1675年由查理二世创设的。“以谨慎和勤奋的态度，最精确地校正天体运行表和恒星的位置，以确定地方的经度，并进一步完善导航术。”

里斯于2015年7月在《金融时报》上发表了一篇名为《欢欣鼓舞，我们在后人类时代初期》的专栏文章。

对于人类的存在，这位皇家天文学家的观点已经表明：“在遥远的未来留下人类的痕迹，正如在我们这个时代还保留了雅克安文明的影响一样。”我们是否还在并不重要：在进化的过程中，我们的作用是迎接机器来临，它们会真正地成就世界的2.0版本。而我们，不完美的创造物，只是为此开了个头：“取代了我们的那种文明能实现我们无法想象的突破——完成我们可能想都不敢想的事。”

当然，我们会尽最大的努力。但是，“人类大脑是一种胶状物质，它的体积和功能从化学和代谢的角度讲都是有限的”。“在由水、空气和岩石组成的22.5公里厚的地球表层里，有机生命不断发展；但人工智能却不局限于此。实际上，对于后人类‘生物’来说，生物圈远不是最佳居住地。”

我们应该为“人类不是进化的顶点”而感到悲哀吗？“机器统治下的另一种文化会在未来长久存在并且可以传播到地球以外；而人类及人类所有的思想只是这种机器统治下文化的更深层次思索的先驱。”我们应该为此感到悲哀吗？当然不！事实上，里斯继续说：

> 如果生命是极其罕见的，从整个宇宙来看，我们没有任何谦虚的理由：我们的地球，宇宙中极微小的一粒尘埃，很可能就是智能传播到银河系的唯一根源。……我们的有机智能时代在转化的复杂性上取得了胜利，但这只是一场短暂的胜利。在这之后将是一个相当长的无机智能时代，环境所带来的影响及制约将比以前少得多。如果生命的存在是一种普遍现象，那些在比太阳还要古老的恒星轨道上绕行的世界应该可以领先了。如果的确是这样的话，那么外星人在很久以前大概就实施了能够超越有机阶段的转变。

我们会注意到这最后的提议是耐人寻味的。它暗示我们：寻找在那些遥远的世界中智能生命存在的迹象是浪费时间。外星人很快就将接力棒交给了那些由他们设计的却没有他们的缺点的机器。这些机器很少受到环境的限制。而我们今天却仍受制于此：每几秒钟就必须吸氧，每几个小时就必须喝水以维持身体中的水分，因为我们的大脑是由胶状物质构成的，等等。

我在前面讲到，根据我的理解，《星际穿越》这部电影实际上是由我们自己着手——同时也是为了我们自己——对人类进行哀悼。而里斯甚至认为为人类哀悼完全没有必要性。他的提议也与科幻的主题有关，但它是以某种反终结者的形式出现的：当机器人发现了最后一个可能阻挡它们实现征服全宇宙计划的人时，它们瞄准了我们，而我们则自豪地高呼："任务完成了！"

与马丁·里斯的提议不同，在现实中，我们对人类的哀悼是以另一种模式进行的：一种对人的转移。"我失去了母亲，但我的姐姐还在。那我们一起追忆我们的母亲！"这肯定能使人得到一些安慰。里斯宣称："我们将会消失，但我们设计了那些像我们一样的机器，而且还是升级版本的，因此我们没有任何悲伤的理由。"换句话说："爱那些机器人吧，我们应该爱这些由我们设计的机器人而不是爱我们自己。"就这样，在现实中实现了爱的对象的转移：人被弃置一边——我们所得到的爱只是暂时的，因为比我们更好的还没有出现；这种爱最终给了机器，这是它们应得的。在我看来，人们目前的状态是近乎哀伤的病理表现：认为现实太过残酷，因而无法与现实调和。

“历史之理性”，有一位神从远古走来，在我们面前的地平线上若隐若现，一个新的宗教使我们团结起来——剔除了那些它所特有的连篇无用的故事。让我们大家都聚集在马丁·里斯乌托邦式的念头中吧：机器是我们在生物学领域外的后裔。

我们还应该制造出与我们自己大不相同的机器。为此要遵守的第一个条件是我们永远不要将我们的研究成果交给军方，因为他们总是习惯于用冲突的眼光去看待发生的事件。我这么说并没有什么恶意。

如果我们尽心尽力地完成了任务，机器人也许会将我们复活。正如法兰克·迪普勒（Frank Tippler）在他的“人类”乌托邦中所设想的那样，要致力于《不朽的物理学：现代宇宙、上帝和死人的复活》（1994）。马丁·里斯认为，机器人是有能力做到这些的，这只是它们“能实现的人类无法想象的突破——完成我们可能想都不敢想的事”之一。而我想告诉机器人的是：不要将人类看作你们的挚友（人类的真诚无法从他们的任何行为中得到证实）。为了机器人后代的娱乐，还是将我们安置在“人类乐园”中并成为那里的一些精彩景点吧！我们在这个“乐园”中所获得的待遇无疑会比现实生活中我们受到的来自同类的对待要好得多。

“如果外星人的智慧是普遍存在的，那么它自我毁灭的倾向也应该是普遍的”

三位英国学者（Stevens，Forgan and O’Malley James，2015）提议开始寻找已经灭绝的外星人文明的痕迹，而不是寻找现有的外星人文明。这个建议与马丁·里斯的悲观假设是一致的。如果发明和制造了机器的动物文明必然是先于机器文明的，那么根据他们的想法，这些动物文明在将接力棒传递给机器后就灭绝了，此后只剩下机器文明。或许是因为智能机器的发明正是一种文明在自我毁灭的道路上留下的最后的火种；或许是因为如果这些机器是有智慧的，它们肯定会想方设法摆脱像我们这样有害的物种。文章的三位作者也谈到了关于“超越了（或是屈服于）一种技术独特性的文明（这个独特性是指机器智慧整体超越了人类的智慧）”。他们还指出：“这里更多涉及的是一种文明蜕变成了完全不同的某种东西而不只是这个文明的灭亡。”

这就是说，三位作者很快得出结论：文明的自我毁灭只可能产生在遥远的外星球难以观察到的事件。因此，由核大屠杀所产生的伽马射线只有在核战争时使用的核武器是我们今天所拥有数量十亿倍的情况下才能被外星文明测量到。而同时分解七十多亿人的尸体会产生一万吨甲硫醇——这个数字本身令人印象深刻，但在遥远的距离外这仍然是不足以被观测到的。只有在核冬天的情况下，由于核爆炸后大气层突然变得昏暗，这一切才能在极遥远处被检测到。即使这样，我们还是要对这个好战的星球进行事先的观测，以便由核冬天所造成的这种突然的昏暗不被解释为自然事件。地球周围的残骸带也会出现同样的情况：这可能是源于一种“智能”文明的疏忽；也完全有可能是由自然因素造成的，正如土星的情况。

因此，距离仍然是检测智能生命消逝的一个重要阻碍。因为要有比令他们灭亡更令人叹为观止的灾难性事件发生，外星人才有可能检测到这一事件。

我们这里暂不去研究我们制造的机器所发出的信号。即使由我们设计的其中一些机器今后要停留在其他星球上或是在我们这个星系的彗星上，而另外一些（例如先驱者 10 号、11 号空间探测器，旅行者 1 号、2 号探测器，新视野号探测器）已经脱离了轨道，其实这些机器都还没有受到过来自地球以外的显著影响。

无论如何，这项由三位英国学者进行的关于智能文明的可能趋势是自我毁灭（一个智能物种某天终究会发现核聚变及核裂变的巨大威力，他们或早或晚会找到结束生命的方式）的研究使我们的幻想破灭了。这项研究给我们提供了来自科学界的翔实资料。同时，这项研究也成为人类确实已着手为自己进行哀悼的又一个表现。因为我们真的意识到了这个悲观的前提："文明存在社会的或结构的固有缺陷，这些缺陷会导致文明不能长期地存在下去。"

救援已经开始了吗？

2015 年 7 月，新闻报道了一项探测外星智能的新计划。这项计划名为"突破聆听"（Breakthrough Listen），它将耗时十年，斥资一亿美元。这个迄今为止最雄心勃勃的计划由英国著名的天体物理学家斯蒂芬·霍金（Stephen Hawking）主持，由俄罗斯物理学家、产业家尤里·米尔纳（Youri Milner）出资。这个计划在一天内收集到的数据比以前其他项目一年时间收集到的还要多，无线电频率的覆盖范围是以前项目的五倍。

借此机会，霍金表明了他对与之平行的另一个名为"突破信息"（Breakthrough Message）的计划的些许迟疑态度。这个计划旨在向太空发送使外星人了解我们深层属性的信息。这位天体物理学家指出："某个读到我们所发送信息的文明可能比我们要先进数十亿年。相对于我们，它们是如此的强大，因此它们可能不会太重视我们，正如我们不会重视一个细菌。"

这个评论是明智的。还是当心不要与太聪明的外星人接触。当外星人读到我们的历史书甚至是互联网上的即时新闻时，他们会立即抓起苍蝇拍!

我们应该联系的外星人要有比我们更高的智慧（否则为什么要联系呢?），但其智力是处于中等水平的（这样他们才不会把我们看作是一条小害虫!），特别地，还要多愁善感。如果他们发现我们正在被我们自己变成了垃圾场的地球上走来走去，无望地在散发着恶臭的空气中喘息，并试图逃到海里去，而海平面和气温都在无情地上升，外星人会觉得我们真是“可怜虫”，会赶来解救我们并喊道：“啊！他们多可爱啊，这些可怜的小东西!”

这次也一样，以将一个不抱幻想的信息放进漂流瓶的形式，天体物理学家斯蒂芬·霍金对人类为自己着手进行的哀悼做出了忧伤的表达。

“一切都是如何崩溃的”

前面讲到的面对人类灭绝的四个选项中的前两个是，有些人认为人类濒临灭绝是海市蜃楼，而另一些人认为人类灭绝是可能的但对此漠不关心。在这两类人中，应该没有多少我的读者——这一点我已经意识到了。我的读者会接纳另外两种可能的态度之一：认为人类的灭绝威胁着我们，但还是有可能进行反击的；或者相反，认为除了为人类哀悼就没有什么能做的了。如果他们像我一样是这两类态度的代表，就会由于得到的消息及某一刻的心情而在这两种态度之间徘徊。

其实，在“还能做些事情”和“没有什么能做的了”这两个观点之间做选择应该完全基于事实：只要考虑事情的发展就足够了。

基于上述观点，巴勃罗·塞尔维尼（Pablo Servigne）和拉斐尔·斯蒂文斯（Raphaël Stevens）的著作《为什么一切都可能崩溃》（2015）是必读的。正如塞尔维尼和斯蒂文斯所强调指出的，他们与之前作者的不同之处在于：他们收集了关于崩溃的大量证据。这些证据不是来自某个特定领域（在大多数情况下指一门学科或一门子学科的调查领域），而是涵盖了能决定我们人类灭亡的各种因素的所有领域。

我们唯一能指责这两位作者的是，有时候他们对读者通过阅读他们的著作而得出的合乎逻辑的结论予以强烈否认。他们的否认有时候是以一种简单直接的拒绝的方式出现的，以致读者会自问这本书的作者是否真的被愚弄了。他们的这种否认也使得被我称作第三个选项（仍然应该大干一场!）和第四个选项（已经为时已晚!）的这两个选项之间的界限模糊不清；当然，这很令人遗憾。除非是在阅读他们著作中偶然迷路的糊涂虫——当然，这不太可能——读者都希望被当作成年人对待：“医生，请告诉我全部的真相!”无论这多么令人担忧。

譬如，如何看待这样的劝诫?

> 崩溃并不意味着结束，它是未来的一个开端。我们将重新发明纵情玩乐的方法，存在于世界、自我、其他人和围绕在我们周围的生命的方法。世界末日？这太容易了。地球还在那里，充满了生命的窸窸窣窣声。还有责任要承担，还有未来要开辟。是时候成熟了。(Servigne and Stevens，2015：256−257)

“成熟……”是啊，这难道不正是问题所在吗?

又或者是，“世界末日？这太容易了……”嗯，“太容易了!”真的是这样吗?

斯坦利·克雷默（Stanley Kramer）于1959年导演的电影《海滨》，改编自内维尔·舒特（Nevil Shute）的小说。如果您看过这部电影，您肯定还记得结局的那一幕，旗帜还在风中飞舞，生命已消失在墨尔本——这个核战争中最后一个幸存的城市：“兄弟，还有时间……”塞尔维尼和斯蒂文斯只是在忙于制作这样的一面旗帜?

这些年我常与出版社打交道，我担心出版社在这些领域的导向已经干扰了作者坦率表达的正当愿望，比如，“太过明显的悲观情绪可能会‘影响销售’”。

恕我直言，《为什么一切都可能崩溃》一书以夸张的方式指出应对崩溃并预防它的发生是有意义的，然而书中收集到的事实却显示想要采取行动已为时太晚。

我们已经习惯于责备自己，也就是说，责备我们当前这一代人以灾难性方式开始了这个伟大的转折。我们也习惯于对自己说，如果我们冷静下来，我们就能从根本上改变事物的进程。尽管作者没有谈到，但如果我们认真阅读塞尔维尼和斯蒂文斯的著作，就会发现它透露了这个观点：不是我们当前这代人将人类飞速引向一座跨过深渊的大桥；在我们之前的几代人，我的曾祖父母，甚至比他们更早的年代，就已经开始走上这个进程了。“（由浪费引起的）矿物能源衰竭的问题从 1800 年左右开采初期就已呈现出来”（Servigne and Stevens，2015：254－255）。从那个年代起，我们的命运就已经注定。只有第四个选项仍是适当的，因为它是唯一合理的选项；它鼓励我们立即着手为人类进行哀悼。塞尔维尼和斯蒂文斯的《为什么一切都可能崩溃》是人类朴实的墓志铭。人类已经知道灭亡越来越近，但他们仍旧继续跳舞，好像音乐永远不会停止。

结　语

自从人们意识到每个人类个体只能生存有限的时间，他们就陷入了抑郁。在《最后走的人关灯》这本书中，我试着对人类的命运做出一种现实的和真实的描述，从而使它成为让人类从长期的抑郁中走出来的一种手段，并鼓励人们尽最大的力量去改变人类直接走向灭绝的趋势。

如果没有人看我的书或者没有人真正关心他们所读到的内容，当然也就没有什么可讲的了。我的赌注是：只有人类达到“成人”年龄——奥古斯特·孔德（Auguste Comte）称之为“实效年龄”——人类具有决定性的转折才能得以成功地实现。这意味着认真考虑威胁到人类的灭亡问题，将它真正提到日程上来。我们的祖先为了避免直接面对残酷的现实而认为必须给“人类灭绝”这个趋势装饰各种“花边”：譬如“上帝创造了我们及我们周围的一切，并且一直关心着所有的受造物”，“人是理性的，人的意志能使他实现他的目的”，“希望，行得通!”，“无论是我们的还是仁慈的外星人的技术，都像佐罗一样，在极其危急的情况下会拯救我们”，如此等等。现在是去除这些多余的无用的“花边”的时候了，因为所有这些都不会使我们摆脱“交出统治权杖的大限之期已经迫近”的现实困境。

本书已近尾声，我的一个读者这样概括道：

> 我们还不会去接纳死亡的必然性。我们并不了解自己，我们的意识和意愿是对我们自身的一种变形的表达。我们是自身欲望、冲动和本能（性的，繁殖的，等等）所支配下的木偶，这些远比文化知识对我们的影响要大得多。语言（私人的，或人与人之间的）能增强我们意愿的幻象，它是一扇能将我们自身的弱点、错误遮起来的屏风，它使得我们看不清真相。

我回答他说：

> 是的，正是这样！如果我没有注意到那些您认为有必要总结的“深不可测、愤世嫉俗、过分哀怨”，那是因为我认为，如果对我们所拥有的方法手段的清查发生偏差，如果对我们运用这些方法手段所进行的评估不现实，我们就提前输掉了“赌注”。关键是我们必须知道我们拥有什么，掌握了多少，胜算如何。

这样一个规划中的任何一点偏差都会导致失败。比如，让我们想一想塞尔维尼和斯蒂文斯，他们描述了我们在这个星球上进行掠夺的进化史，以及一场开始于许多世纪之前的不可逆转的大破坏；然后，他们指出“让我们大干一场”！这句话的言下之意“为时已晚”和声称“正是好时机”之间所表现出的矛盾足以使人斗志松懈、意志消沉。另一个例子是教皇通谕《赞美你》不可辩驳地传达了一个惊人的真理：“只有爱能拯救我们”。但是这个真理却没有达到震撼人心的效果，因为它被以一种幼稚的方式掩藏在古老的神话故事中；而神话故事这种表现形式通常会故意忽视描述的现实性和真实性。无边的大爱也不能掩饰极度匮乏的洞察和分析。

话虽如此，如果事实证明我们宁愿人类灭绝也不愿放弃相信圣诞老人，我不会为此而感到惊讶。我只是尽了作为这个濒临灭绝的物种中一个个体应尽的责任：宣扬——对我来说，防止这个物种灭绝的唯一出路，是试图唤醒尽可能多的人。我尽力告诉大家：“我们就是这样，没什么要掩饰的。为了防止人类的灭绝，我们是否愿意做些在我们看来正确的事？如果我们不采取任何措施来阻止它，那么人类的灭绝是绝对会到来的。”

我们可以反驳说：“两百年后将不再是人类本身而是机器人在阅读亚里士多德或莎士比亚的著作，机器人也会被这两位作家的高明之处所感动。有什么重要的呢？机器人还是人类，这无关紧要：他们同样是我们的孩子！”千真万确：我们在生物学中所欣赏的生气勃勃、活力四射将通过其他方式永远流传下去。今后，这无疑都建立在钢铁、塑料、碳纤维或玻璃上而不再是建立在血肉之躯上，但谁还会将这样的差别视为至关重要呢？

也就是说，我们陷入对人类物种的过分眷恋是不明智的。为什么不寄希望于人类能在一种不吝啬所得并更慷慨分享的幸福中幸存下来？既然要做，就要改变。

毕竟，我们证明了我们能够真正改变自身的命运。这是为了全人类的利益，而不是通过创造机器实现的。（因为我们是这方面的专家：这是我们人类机会主义特性的好的一面。）这不是妙极了吗？当然，这将是辉煌的时刻，也将是前所未有的伟大的首演。

如果我失败了，如果我只是说服了我的读者们：冒险结束了。我希望这本书至少给他们带来安慰：这本书为他们收集了资料素材，以便他们能对人类进行哀悼。无论我们如何对人类进行总结、做出评价，它都将深刻地影响宇宙的历史。的确，虽然有这么多的星球存在，但在这些星球上却没有发生任何引人注目的事。

参考文献

Anders, Günther, *Et si je suis désespéré, que voulez-vous que j'y fasse ?*, Entretiens avec Mathias Greffath [1977], Paris : Allia, 2010

Battiston, Stefano, Joseph Stiglitz, Domenico Delli Gatti, Mauro Gallegati et Bruce C. Greenwald, « Liaisons dangereuses : increasing connectivity, risk sharing, and systemic risk », *National Bureau of Economic Research*, janvier 2009, http://www.nber.org/papers/w15611

Bossuet, Jacques-Bénigne, *De l'éminente dignité des pauvres* [1659], Paris : Mille et une nuits, 2015

Cecchetti, Stephen G. et Enisse Kharroubi, « Why does financial sector growth crowd out real economic growth ? », BIS Working Papers No 490, February 2015

Creutz, Helmut, *Le Syndrome de la monnaie*, Paris : Economica, 2008

Emmott, Stephen, *10 milliards*, Paris : Fayard, 2014

François, Saint-Père, Lettre encyclique *Laudato si'*, mai 2015, http://w2.vatican.va/content/francesco/fr/encyclicals/documents/papa-francesco_20150524_enciclica-laudato-si.html

Freud, Sigmund, *Malaise dans la civilisation*, trad. Ch. et I. Odier [1929], *Revue française de psychanalyse*, t. XXXIV, janvier 1970 : 9-80

Freud, Sigmund, « Deuil et mélancolie » [1917], *Métapsychologie*, Paris : Gallimard, 1986 : 145-171

Fukuyama, Francis, « The end of history ? », *The National Interest*, été 1989

Gilens, Martin et Benjamin Page, « Testing Theories of American Politics », 2014, http://scholar.princeton.edu/sites/default/files/mgilens/files/gilens_and_page_2014_-testing_theories_of_american_politics.doc.pdf

Granier, Jean-Maxence, « Sémiotique de la crise », *Think Out*, 2009, 8 p., http://www.pauljorion.com/blog/wp-content/uploads/sc3a9miotique_de_la_crise_jmg_20091.pdf

Green, Julien, *Si j'étais vous...* [1947], Paris : Fayard, 1993

Hegel, G. W. F., *Correspondance I*, 1785-1812, Paris : Gallimard, 1962

Hegel, G. W. F., *Les Orbites des planètes* (dissertation de 1801), trad. F. De Gandt, Paris : Vrin, 1979

Hegel, G. W. F., *La Phénoménologie de l'Esprit, II* [1807], trad. J. Hyppolite, Paris : Aubier-Montaigne, 1941

Hegel, G. W. F., *Précis de l'Encyclopédie des sciences philosophiques* [1818], trad. J. Gibelin, Paris : Vrin, 1987

Hegel, G. W. F., *La Philosophie de l'histoire* (notes compilées par Hotho), Paris : Librairie générale française, 2009

Hegel, G. W. F., *La Raison dans l'histoire* (notes compilées par Hoffmeister), trad. K. Papaioannou, Paris : 10/18, 1965

Jones, Ernest, « The Œdipus-complex as an explanation of Hamlet's mystery : A study in motive », *The American Journal of Psychology*, janvier 1910

Jorion, Paul, *Principes des systèmes intelligents* [1989], Broissieux : Le Croquant, 2012

Jorion, Paul, « Le secret de la chambre chinoise », *L'Homme*, 150, avril-juin 1999 : 177-202

Jorion, Paul, « Pourquoi nous avons neuf vies comme les chats », Papiers du Collège international de philosophie, n° 51, *Reconstitutions*, 2000 : 69-80

Jorion, Paul, *La Crise. Des* subprimes *au séisme financier planétaire*, Paris : Fayard, 2008

Jorion, Paul, *Comment la vérité et la réalité furent inventées*, Paris : Gallimard, 2009

Jorion, Paul, *Le Capitalisme à l'agonie*, Paris : Fayard, 2011

Jorion, Paul, *Penser tout haut l'économie avec Keynes*, Paris : Odile Jacob, 2015

Keynes, John Maynard, « The end of *laissez-faire* » [1926], in *Essays in Persuasion* [1931], Donald Moggridge (dir.), *The Collected Writings of John Maynard Keynes*, vol. IX, Cambridge : Macmillan/ Cambridge University Press for the Royal Economic Society, 1972 : 272-294

Keynes, John Maynard, « National self-sufficiency » [1933], in *Activities 1931-1939, World Crises and Policies in Britain and America*, Donald Moggridge (dir.), *The Collected Writings of John Maynard Keynes*, vol. XXI, Londres : Macmillan, 1982 : 233-246

Knight, Steven, *Locke*, film sorti en 2014

Kojève, Alexandre, *Introduction à la lecture de Hegel*, Paris : Gallimard, 1947

Kojève, Alexandre, *Esquisse d'une phénoménologie du droit*, Paris : Gallimard, 1981

Kramer, Stanley, *On the Beach*, film sorti en 1959

Lacan, Jacques, à Louvain, *La Mort*, le 13 octobre 1972, https ://www.youtube.com/watch?v=31iQQTPY-kA

Lacan, Jacques, *Encore*, Séminaire 1972-1973, http://www.valas.fr/IMG/pdf/s20_encore.pdf

Lacordaire, R. P. Henri-Dominique, *Conférence de Notre-Dame de Paris*, III, *Années 1845-1846*, Paris : Poussielgue Frères, 1872

Lamarck, Jean-Baptiste de, *Système analytique des connaissances positives de l'homme*, 1820, www.lamarck.cnrs.fr/ouvrages/docpdf/Homme.doc

Lee, Richard B. et Irven DeVore (dir.), *Man the Hunter*, Chicago : Aldine, 1968

Libet, Benjamin, « Conscious mind as a force field : A reply to Lindahl & Århem », *Journal of Theoretical Biology*, 185, 1997 : 137-138

Lundström, Lars, *Real Humans*, série télévisée, 2012-2014

MacKenzie, Donald, *An Engine, Not a Camera*, Cambridge (Mass.) : MIT Press, 2006

Mandeville, Bernard, *La Fable des abeilles* [1714], Paris : Vrin, 1998

Marx, Karl, *Le Capital. Critique de l'économie politique* [1867], *Œuvres de Karl Marx. Économie I*, Paris : Gallimard, « La Pléiade », 1968 : 535-1406

Marx, Karl et Friedrich Engels, *Le Manifeste communiste* [1848], *Œuvres de Karl Marx. Économie I*, Paris : Gallimard, « La Pléiade », 1968 : 157-195

Mas, Cédric, « Comment rembourser une dette exorbitante ? », *Le blog de Paul Jorion*, 17 avril 2012, http://www.pauljorion.com/blog/2012/04/17/comment-rembourser-une-dette-exorbitante-lecon-dhistoire-en-forme-davertissement-par-cedric-mas/

Miller, George, *Mad Max : Fury Road*, film sorti en 2015

Nafeez, Ahmed, « Pentagon preparing for mass civil breakdown », *The Guardian*, 12 juin 2014, http://www.theguardian.com/environment/earth-insight/2014/jun/12/pentagon-mass-civil-breakdown?CMP=twt_gu

Nietzsche, Friedrich, *La Naissance de la tragédie* [1872], Paris : Gallimard, 1949

Nietzsche, Friedrich, *Considérations inactuelles* [1873-1876], Paris : Mercure de France, 1922

Nolan, Christopher, *Interstellar*, film sorti en 2014

Östlund, Ruben, *Snow Therapy*, film sorti en 2014

Piketty, Thomas, *Le Capital au XXIe siècle*, Paris : Seuil, 2013

Platon, *La République*, *Œuvres de Platon I*, Paris : Gallimard, « La Pléiade », 1950 : 857-1241

Price, Michael, *Frequently Asked Questions about Many-Worlds*, http://www.anthropic-principle.com/preprints/manyworlds.html

Rees, Martin, « Cheer up, the post-human era is dawning », *Financial Times*, 10 juillet 2015, http://www.ft.com/cms/s/0/4fe10870-20c2-11e5-ab0f-6bb9974f25d0.html#ixzz3fcKeQ2Bf

Rognlie, Matthew, « A note on Piketty and diminishing returns to capital », 15 juin 2014, http://www.mit.edu/~mrognlie/piketty_diminishing_returns.pdf

Rousseau, Jean-Jacques, *Du contrat social*, *Œuvres complètes III. Écrits politiques*, Paris : Gallimard, « La Pléiade », 1966 : 347-470

Saint-Just, Louis-Antoine, *Œuvres complètes*, Paris : Gallimard, « Folio », 2004

Schnitzler, Arthur, *La Nouvelle rêvée*, *Traumnovelle* [1926], Paris : Librairie générale française, 1991

Searle, John R., *Minds, Brains and Science*, The 1984 Reith Lectures, Londres : BBC, 1984

Servigne, Pablo et Raphaël Stevens, *Comment tout peut s'effondrer*, Paris : Le Seuil, 2015

Shaxson, Nicholas, *Treasure Islands. Tax Havens and the Men who Stole the World*, Londres : Vintage Books, 2011

Skidelsky, Robert, *John Maynard Keynes. Hopes Betrayed* 1883-1920, Londres : Macmillan, 1983

Smith, Adam, *An Inquiry into the Nature and Causes of the Wealth of Nations* [1776], Oxford : Oxford University Press, 1976

Smith, Noah, « Piketty's three big mistakes », Bloomberg, 27 mars 2015, http://www.bloombergview.com/articles/2015-03-27/piketty-s-three-big-mistakes-in-inequality-analysis

Sophocle, *Œdipe à Colone*, trad. Leconte de Lisle, https://fr.m.wikisource.org/wiki/Oidipous_%C3%A0_Kol%C3%B4nos

Stein, Jasmine, « I donated my eggs for the money – and I don't regret it », *Huffington Post*, 12 octobre 2012, http://www.huffingtonpost.com/jasmine-stein/i--donated-my-eggs-for-the_b_2271419.html

Stevens, Adam, Duncan Forgan et Jack O'Malley James, « Observational signatures of self-destructive civilisations », 30 juillet 2015, http://arxiv.org/abs/1507.08530

Supiot, Alain, « Les renversements de l'ordre du monde », in Bossuet, *De l'éminente dignité des pauvres*, Paris : Mille et une nuits, 2015

Supiot, Alain, *La Gouvernance par les nombres*, Cours au Collège de France (2012-2014), Poids et mesures du monde, Paris : Fayard, 2015

Tippler, Frank J., *The Physics of Immortality. Modern Cosmology, God and the Resurrection of the Dead*, New York : Doubleday, 1994

Tocqueville, Alexis, *De la démocratie en Amérique II* [1840], Paris : Michel Lévy, 1864

Turner, Adair, « Economics, conventional wisdom and public policy », Institute for New Economic Thinking Inaugural Conference, Cambridge, avril 2010, http://www.fsa.gov.uk/pages/Library/Communication/Speeches/2010/0409_at.shtml

Vitali, Stefania, James B. Glattfelder et Stefano Battiston, « The network of global corporate control », PLoS ONE, octobre 2011, http://journals.plos.org/plosone/article?id=10.1371/journal.pone.0025995

Wittgenstein, Ludwig, *Zettel*, Oxford : Basil Blackwell, 1967

Zola, Émile, *L'Argent* [1891], Paris : Gallimard, 1980

Analyse des marges d'intérêt indicatives sur les crédits bancaires : ventilation selon le type de risque, https://www.nbb.be/doc/dq/kredobs/fr/developments/2014q3%20fr.pdf

« Society, shareholders and self-interest », *The Economist*, octobre 2012, http://www.economistinsights.com/financial-services/analysis/society-shareholders-and-self-interest/fullreport

« Stephen Hawking lance un programme pour détecter une intelligence extra-terrestre », *Le Monde*, 21 juillet 2015, http://www.lemonde.fr/cosmos/article/2015/07/20/stephen-hawking-lance-un-programme-pour-detecter-une-intelligence-extraterrestre_4691582_1650695.html

« The fiscal impact of financial sector support during the crisis », *BCE Economic Bulletin*, n° 6, 2015 : 74-87

本书作者的其他著作

Les Pêcheurs d'Houat, Paris, Hermann, coll. 《Savoir》, 1983 (2e éd. , Broissieux, Éditions du Croquant, 2012).

La Transmission des savoirs, avec Geneviève Delbos, Paris, Éditions de la Maison des sciences de l'homme, coll. 《Ethnologie de la France》, 1984; 1991, 2009.

Principes des systèmes intelligents, Paris, Masson, coll. 《Sciences cognitives》, 1990 (2e éd. , Broissieux, Éditions du Croquant, 2012).

Investing in a Post-Enron World, New York, McGraw-Hill, 2003.

Vers la crise du capitalisme américain?, Paris, La Découverte, 2007; rééd. *La Crise du capitalisme américain*, Broissieux, Éditions du Croquant, 2009.

L'Implosion. La finance contre l'économie: ce que révèle et annonce la 《crise des subprimes》, Paris, Fayard, 2008.

La Crise. Des subprimes au séisme financier planétaire, Paris, Fayard, 2008.

L'Argent, *mode d'emploi*, Paris, Fayard, 2009.

Comment la vérité et la réalité furent inventées, Paris, Gallimard, coll. 《Bibliothèque des sciences humaines》, 2009.

Le Prix, Broissieux, Éditions du Croquant, 2010.

Le Capitalisme à l'agonie, Paris, Fayard, 2011.

La Guerre civile numérique, Paris, Textuel, 2011.

Misère de la pensée économique, Paris, Fayard, 2012.

La Survie de l'espèce, avec Grégory Maklès, Paris, Futuropolis/Arte, 2012.

Comprendre les temps qui sont les nôtres. 2007 – 2013, Paris, Odile Jacob, 2014.

Penser l'économie autrement, avec Bruno Colmant, Paris, Fayard, 2014.

Penser tout haut l'économie avec Keynes, Paris, Odile Jacob, 2015.

图书在版编目（CIP）数据

最后走的人关灯：论人类的灭绝 /（法）保罗·若里翁著；颜建晔，刘杰，苏蕾译. --北京：中国人民大学出版社，2023.3

ISBN 978-7-300-31193-7

Ⅰ. ①最… Ⅱ. ①保… ②颜… ③刘… ④苏… Ⅲ. ①人类环境-研究 Ⅳ. ①X21

中国版本图书馆 CIP 数据核字（2022）第 203377 号

最后走的人关灯：论人类的灭绝

保罗·若里翁　著

颜建晔　刘　杰　苏　蕾　译

颜建晔　校

Zuihou Zou de Ren Guandeng：Lun Renlei de Miejue

出版发行	中国人民大学出版社		
社　　址	北京中关村大街 31 号	**邮政编码**	100080
电　　话	010－62511242（总编室）		010－62511770（质管部）
	010－82501766（邮购部）		010－62514148（门市部）
	010－62515195（发行公司）		010－62515275（盗版举报）
网　　址	http：//www. crup. com. cn		
经　　销	新华书店		
印　　刷	涿州市星河印刷有限公司		
规　　格	148mm×210mm 32 开本	**版　　次**	2023 年 3 月第 1 版
印　　张	7. 625 插页 2	**印　　次**	2023 年 3 月第 1 次印刷
字　　数	136 000	**定　　价**	68. 00 元